新思

新 一 代 人 的 思 想

The Plant-Hunter's Atlas

植物猎人的
世界收藏

英国皇家植物园珍藏画作背后的发现之旅

A World Tour of Botanical Adventures,
Chance Discoveries and Strange Specimens

[英] 安布拉·爱德华兹 ——————— 著
Ambra Edwards

何毅 ——————————— 译

中信出版集团 | 北京

图书在版编目（CIP）数据

植物猎人的世界收藏：英国皇家植物园珍藏画作背后的发现之旅 /（英）安布拉 · 爱德华兹著；何毅译. -- 北京：中信出版社，2023.1

书名原文：The Plant-Hunter's Atlas

ISBN 978-7-5217-4554-2

Ⅰ.①植… Ⅱ.①安… ②何… Ⅲ.①植物－介绍－世界 Ⅳ.① Q948.51

中国版本图书馆 CIP 数据核字（2022）第 125002 号

植物猎人的世界收藏——英国皇家植物园珍藏画作背后的发现之旅

著者：　[英]安布拉 · 爱德华兹

译者：　何毅

出版发行：中信出版集团股份有限公司

（北京市朝阳区惠新东街甲 4 号富盛大厦 2 座　邮编　100029）

承印者：　北京协力旁普包装制品有限公司

开本：787mm×1092mm 1/16　　印张：19　　字数：195 千字

版次：2023 年 1 月第 1 版　　印次：2023 年 1 月第 1 次印刷

京权图字：01–2021–4491　　审图号：GS 京（2022）1044 号

书号：ISBN 978–7–5217–4554–2

定价：188.00 元

服务热线：400–600–8099

投稿邮箱：author@citicpub.com

沃尔特·胡德·菲奇（Walter Hood Fitch）所绘制的王莲，引自《柯蒂斯植物学杂志》，1847 年

王莲，由沃尔特·胡德·菲奇绘制的原始画稿，邱园收藏，1851 年

目录

欧洲和地中海

从罗马帝国时代,植物就是在欧洲流通的商品。尽管相关的知识随着帝国的灭亡而支离破碎,但在西欧复苏后,博物研究和园艺也逐渐迎来转机。到 16 世纪,植物园已如雨后春笋般在欧洲各地涌现,植物学开始飞速发展。

非洲大陆和马达加斯加

在各大洲中,非洲拥有最悠久的植物狩猎历史,西方第一次有记录的相关探险就发生在这里。早期的植物猎人热衷于在非洲寻觅观赏性植物,如今他们的任务却变成了在稀有物种灭绝之前找到并保护它们。

北美洲

16 世纪,西班牙人在北美大肆破坏。玉米、番茄和马铃薯等农作物,以及一些观赏性植物，成了幸存者，几乎立刻就传回欧洲。但是直到18世纪早期，北美的植物才真正对欧洲产生影响。欧洲的庭园和林业自此有了新的面貌。

南美洲

这里是世界上最大、生物多样性最丰富的热带雨林的所在地，吸引了无数植物猎人前往。然而这块宝地却面临着迫在眉睫的危机，未来不容乐观。植物猎人的目标已从采集兰花和药用植物，改为促进恢复自然生态。

除单独列出版权归属的图片，本书插图均由英国皇家植物园邱园友情提供。

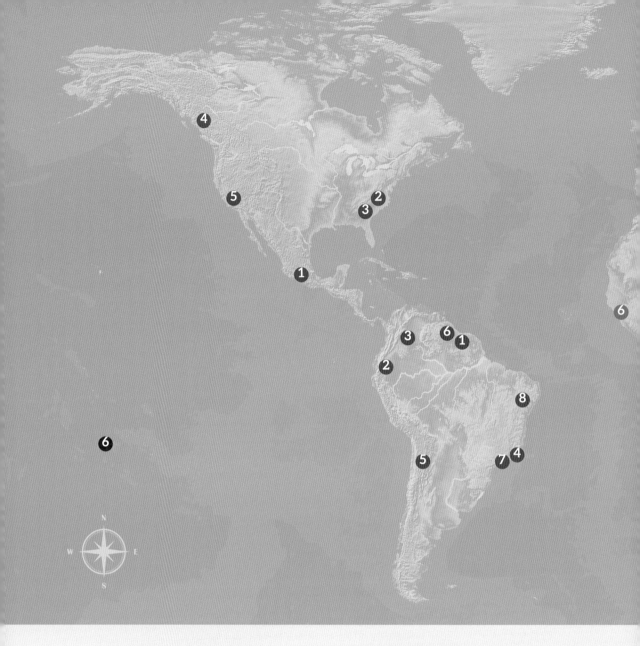

● **大洋洲、太平洋和东南亚诸岛**

1　新西兰麻（新西兰）

2　班克木（澳大利亚新南威尔士）

3　蜡花（澳大利亚昆士兰）

4　瓦勒迈杉（澳大利亚新南威尔士）

5　柯氏彩穗木（澳大利亚塔斯马尼亚）

6　面包树（塔希提岛）

7　大王花（印度尼西亚苏门答腊岛）

8　马来王猪笼草［婆罗洲（加里曼丹岛），沙巴州］

● **亚洲大陆和沿海岛屿**

1　银杏（日本本州）

2　绣球（日本九州）

3　紫藤（中国广东）

4　茶（中国）

5　华贵璎珞木（缅甸）

6　杜鹃花（喜马拉雅山）

7　珙桐（中国西部）

8　华丽龙胆（中国云南）

9　蓝罂粟（中国西藏）

10　大花黄牡丹（中国西藏）

11　通脱木（中国台湾）

12　淫羊藿（中国四川）

● **欧洲和地中海**

1　番红花（希腊）

2　郁金香（土耳其）

3　香豌豆（意大利西西里岛）

4　黎巴嫩雪松（黎巴嫩和叙利亚）

5　小麦［彼得格勒（今圣彼得堡）］

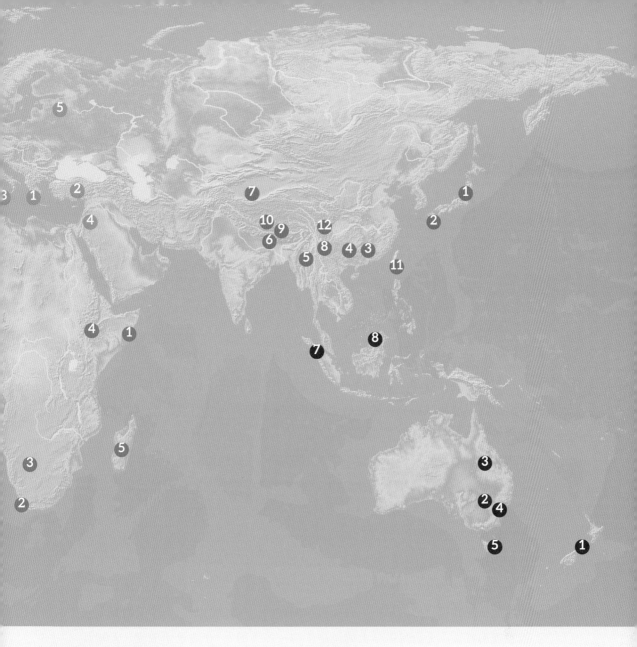

● **非洲大陆和马达加斯加**

1　乳香（索马里）

2　豹皮花（南非）

3　生石花（南非）

4　咖啡（埃塞俄比亚）

5　凤凰木（马达加斯加）

6　裸盖檀（几内亚）

● **北美洲**

1　大丽花（墨西哥）

2　鹅掌楸（美国弗吉尼亚）

3　洋玉兰（美国卡罗来纳）

4　花旗松（加拿大不列颠哥伦比亚）

5　巨杉（美国加利福尼亚）

● **南美洲**

1　洋金凤（苏里南）

2　金鸡纳树（厄瓜多尔）

3　巴西栗（哥伦比亚）

4　叶子花（巴西里约热内卢）

5　猴谜树（智利）

6　亚马孙睡莲（圭亚那）

7　蝎尾蕉（巴西里约热内卢）

8　幽兰（巴西）

引言

为一个国家做的最大的贡献就是为它的文化增添一种有用的植物。

——托马斯·杰弗逊（Thomas Jefferson，1800）

我们人类都曾经是植物猎人，在荒野中搜寻食物。一旦我们学会了自己种植植物，植物就在我们稳定的生活中呈现出了不同的面貌，成了药物或家庭的慰藉之源。但从最早的时代起，就有一些人对植物有更深的了解，他们知道到哪里去寻找它们，知道它们具有哪些特殊的性质，通常这类人被尊为药师或智者。在现代工业化社会中，这些知识几乎消失了，植物已经变成了商品。但在更接近自然的社会中，无论是在热带雨林还是拉普兰的雪原，传统植物的知识都得到了传承，植物被视作强有力的工具、治疗疾病的药物或是通向精神领域的大门，这些植物知识的价值在当今的日常生活中却并未得到重视。奇怪的是，如今的植物猎人们似乎又兜了一个圈子，终于学会尊重古老的植物知识，因为那些不曾被科学发现的"未知的未知"，即植物身上未被发现的特性（无论是医学上的还是生物技术上的），在被过于傲慢、无知且不懂珍惜的经济力量抹去之前，值得植物学家们争先恐后地去发现。

如今西方世界所理解的植物狩猎起源于文艺复兴时期，但在那很久之前，通过士兵、水手、商人、朝圣者和难民，植物就已经在全球范围内广泛传播了。我们所知道的最早的植物狩猎故事是一个伟大的法老从征服的土地上引入树木。亚历山大大帝的军队带回了杨树，成吉思汗的凶猛军队在他们身后种下了柳树和苹果树。从公元前 2 世纪到公元 15 世纪，香料和草药，以及种子和球茎都是在地中海与中国之间的陆上丝绸之路上流通的珍贵商品。公元

1817 年，德国植物学家卡尔·弗里德里希·菲利普·冯·马蒂乌斯（Karl Friedrich Philipp von Martius）对巴西亚马孙河流域进行了 3 年的考察。这幅插图来自他的《棕榈博物志》（*Historia Naturalis Palmarum*），展示了他采集线叶竹节椰（*Chamaedorea linearis*）的情景

7

位于意大利的帕多瓦植物园建于 1545 年，当时是医学院学生的教学植物园。中心广场的四块地分别保存着来自四个已知大洲 —— 欧洲、非洲、亚洲和美洲 —— 的植物。Padua Botanic Garden (public domain) via wikimedia. org

1453 年君士坦丁堡（伊斯坦布尔的旧称）陷落后，欧洲商人开始探寻西方渴望的丝绸和香料的海上路线。航海技术的进步迎来了地理大发现时代（又称大航海时代），在旧世界和新世界——印度、中国及远东——之间建立了新的贸易路线，也为植物交流提供了新通道。

与此同时，欧洲学者开始重新审读古希腊和古罗马的文本，其中包括亚里士多德和泰奥弗拉斯托斯的著作。在超过 1 200 年的时间里，人们只对植物的用途感兴趣，而泰奥弗拉斯托斯的《植物研究》（*Enquiry into Plants*）揭示了一种完全不同的观察植物的方式，为了研究植物而研究植物，这本书通常被视为现代植物学的奠基之作。文艺复兴时期，人们产生了一种了解自然的强烈愿望——研究、记录自然并对各种生物进行分类。学者们变成了收藏家，他们不仅收集印刷术出现后汇编而成的日益复杂的草药典籍中的知识，还收集植物标本。

到了 16 世纪 40 年代，意大利各城邦涌现出了第一批专门研究这种新学问的大学，其中还附设了植物园。它们被用作培养医师的教学基地，绝不是西方最初的植物园。植物研究最早兴盛于伊斯兰的黄金时代——公元 7 世纪至 13 世纪，当时在西班牙的科尔多瓦和托莱多就出现了一批重要的教学植物园；早在 9 世纪意大利中部的萨莱诺和 12 世纪法国的蒙彼利埃就出现了著名的医学院，它们都主要以阿拉伯知识为基础。然而，比萨、帕多瓦和博洛尼亚的新植物园，以及遍布欧洲的许多后世植物园，稳步见证了植物学从医学中脱离出来转变为一门独立学科的过程。1590 年，荷兰莱顿建立了植物园，这里不仅有药用植物，也有具有经济价值或观赏价值的植物，其中有许多是荷兰东印度公司的商人从遥远的大陆带回来的。学生们不仅研究活的植物，还研究了"植物标本室"（*hortus siccus*，字面意义为"干燥花园"），也就是我们现在称之为标本馆的地方，里面藏有收集的干燥植物标本。同样地，传播这类知识的书籍也从医学手册发展到描述生长在不同地理区域内的植物的植物志。

在这个知识繁荣的时期，英国仍然是欧洲西北部边缘的一个微不足道的岛屿：它是文艺复兴时期最后经历人文主义复兴的欧洲国家之一。但在接下来的一个世纪里，文化和贸易的焦点从地中海沿岸转移到了西欧的航海国家。随着跨越大西洋、绕过南非的好望角进入印度洋和太平洋的海上贸易路线的建立，首先是西班牙和葡萄牙，然后是荷兰、法国和英国，它们的财富和实力都在增长。从 17 世纪到 18 世纪，世界经历了一段快速殖民扩张的时期，越来越多的地方落入了少数几个咄咄逼人的欧洲帝国主义国家手中。到 1900 年，一度落后的不列颠群岛拥有了世界上最强大的海军和最广阔的帝国，伦敦成为世界上最大的城市。工业化使得技术发达国家与其他国家之间拉开了巨大的经济差距，这种差距从未消失。我们大多数植物猎人的故事正是发生在这个政治、经济、文化和科学发生剧变的年代，理解它们的时代背景非常重要。

近年来，西方科学和文化机构因其傲慢的欧洲中心主义和殖民主义历史观而受到了许多批评。特别是植物狩猎被谴责为一种"海盗行径"，被称为植物盗窃。新的全球法规如《生物多样性公约》（Convention on Biological Diversity）和《濒危野生动植物种国际贸易公约》（Convention on International Trade in Endangered Species of Wild Fauna and Flora，CITES）得以实施，确保植物的起源国受益于这些植物可能带来的经济利益。但我们无法回到过去。植物狩猎为历史提供了一面通透的镜子，以令人不安的精确反映出历史上的经济、政治、思想和宗教潮流：植物从被殖民和开发的土地上涌入欧洲，跟随中国佛教传入日本，伴随受迫害的胡格诺派离开法国，跟随清教徒前辈移民踏入美洲；植物为 19 世纪关于存在的重大争论提供了武器，而今天它们也是全球最紧迫的气候变化问题的图腾。

人们不可避免地要从欧洲的视角来看待植物狩猎的历史，因为像邱园、乌普萨拉、莱顿和巴黎等地的大型植物研究中心都是在欧洲发展起来的；这里有足够的财富支撑人们执行长期的探索任务，资助昂贵的书籍和绘画来记录这些发现，并支持有闲暇的知识阶层来研究它们。这种财富的很大一部分来自奴隶制，这是一个不容回避的可恶事实。估计有 1 200 万名非洲人被迫跨越大西洋，在殖民地的糖料种植园和棉花种植园工作，这些庄园正是基于植物交流而建立起来的，而在印度次大陆，殖民者们也建立了相当于奴隶制的契约劳工制度。科学也许有所裨益，但也使人类付出了惨重的人力代价。

一些最早的植物采集家是传教士——耶稣会传教士利玛窦于 1601 年成为第一个进入北京紫禁城的欧洲人；到了 17 世纪 70 年代，伦敦主教亨利·康普顿（Henry Compton）的花园中摆满了外派神职人员从美洲寄回来的奇异植物，他曾要求他们像守护灵魂一样守护这些植物。也常常有植物来自外交官和商人，其中最主要的是英国和荷兰东印度公司的雇员，这些公司主导了欧洲与东方的贸易。这些全球企业相当于今天的跨国科技公司，建立了植物园，评估并分销茶叶、橡胶、香料和糖料等潜在利润丰厚的植物产品。随着越来越多的土地被占领，殖民地的管理者们在帝国偏远的前哨学习植物学来消磨孤独的时光，并为渴望探索这些地区的植物猎人铺平了道路。他们对帝国主义事业的信仰在现代人看来可能是傲慢的，但从当时的情况来看，他们中的许多人真的认为自己是在做好事，即把文明带给蒙昧的人群。

书中描述的一些植物猎人对他们访问过的土地上的人民心存钦佩和尊敬，并渴望向他们学习，尤其是女探险家玛丽亚·西比拉·梅里安（Maria Sibylla Merian）和玛丽亚·格雷厄姆（Maria Graham），还有大卫·道格拉斯（David Douglas）、威廉·伯切尔（William Burchell）、奥古斯丁·亨利（Augustine Henry）、E. H. 威尔逊（E. H. Wilson）和乔治·福里斯特（George Forrest）。很多人——比如纳撒尼尔·沃利克（Nathaniel Wallich）、乔治·福里斯特、乔治·谢里夫（George Sherriff）和弗兰克·勒德洛（Frank Ludlow）——依赖于当地的采集团队，但当地采集团队的贡献很少得到特别的认可。（谢里夫和勒德洛是例外。）一些人与当地合作者建立了多年的紧密关系。还有一些人，比如约瑟夫·道尔顿·胡克（Joseph Dalton Hooker），认为土著民族是不可教化的"异类"，而他们自己则天生优越。在 19 世纪的英国，这可能是一种常见的看法。毫无疑问，胡克对法国人或雷布查人的看法也是如此，他对自己的"下等"阶级同胞的态度同样是如此。大多数被派去管理大英帝国的年轻人在英国公立学校接受教育，他们自以为高人一等的特权意识直到今天都没有被改变。[值得注意的是，邱园的首任实际主管约瑟夫·班克斯爵士（Sir

Joseph Banks）认为，受过更好的教育、更谦逊的苏格兰人会成为更好的植物猎人——历史记录表明，他是正确的。]

植物猎人的采集活动有不同的目的：一些是为了推动科学事业，另一些是出于商业动机，寻找可能对帝国有经济价值的植物，或是发现适合园艺的植物，以供应蓬勃发展的苗圃贸易。[从 1840 年到 1904 年，英国的维奇公司（Veitch）一直有采集家在野外工作。]

用于科学目的，压扁的干燥植物标本就足够了。它们的功能是记录每种植物的显著特征（如叶、茎、根、果实和花朵），贴在台纸上的每份标本都附有一个标签，上面详细说明了该植物采集的时间和地点，生长的环境以及海拔等有用的观察记录。每一个新物种都需要一个"模式"——一种植物首次被描述时的明确范式，随后的发现可以与之进行比较。在无法保存植物的情况下，精确的植物学插图有时也可以作为模式。例如，英国东印度公司加尔各答国家植物园园长纳撒尼尔·沃利克描述的许多标本都以印度艺术家绘制的美丽插图为模式。虽然数码摄影已成为当今采集植物信息的重要手段，但植物学家仍在继续制作标本，其目的不仅仅是给 DNA（脱氧核糖核酸）测序提供材料。

在野外制作植物标本绝非易事，正如在潮湿热带工作的植物猎人艾梅·邦普朗（Aimé Bonpland）和玛丽亚·格雷厄姆所遇到的状况，标本的干燥过程让他们感到颇为沮丧。（邦普朗只能在充满刺鼻烟雾的低矮帐篷里烤干自己的标本，而格雷厄姆则放弃了，转而画下了这些标本。）把活植物带回家就更难了。为了保存植物的种子，植物猎人将它们埋在沙子、泥土或苔藓中，或包裹在蜡中，甚至给它们泡在水里。纳撒尼尔·沃利克从加尔各答寄回来的第一批到达欧洲的杜鹃花种子被装在红糖罐头里。活植物更难运输：从远东出发的航程可能需要长达 6 个月的时间，在船只经过不同的气候区时，几乎没有植物能在剧烈的温度波动中幸存下来，它们还要受到风和含盐海浪的冲击，老鼠、蟑螂和船上其他动物（猴子会带来一种特别的威胁）的攻击，以及海员们对宝贵的淡水供应被浪费在"无用"货物上的漠不关心或赤裸裸的敌意。堆放在艉楼甲板上的植物可能会导致船只在波涛汹涌的大海中摇晃；如果有危险，它们将是第一批被扔下海的东西。

1819 年，在澳门为英国东印度公司工作的外科医生约翰·利文斯通（John Livingstone）博士估计，每 1 000 株植物中只有 1 株能在运往欧洲的途中幸存下来，这使得每株植物的运送成本从最初的约 6 便士或 8 便士提高到远远超过 300 英镑。他在写给伦敦园艺协会（后改为"皇家园艺学会"）的一封信中建议，聘请一名训练有素的园丁来照料运输中的植物是非常值得的——但一贯吝啬的协会选择忽视这一建议。然而，它确实促使协会助理秘书约翰·林德利（John Lindley）在 5 年后发布了一本内容极其全面的小册子，即《在国外，特别是在热带地区包装活植物的说明；以及在前往欧洲的航程中如何处理活植物》（*Instructions for Packing Living Plants in Foreign Countries, Especially within the Tropics; and Directions for Their Treatment during the Voyage to Europe*），其中包括对毛里求斯总督罗伯特·法夸尔（Robert Farquhar）寄来的一个透光盒子的设计说明。用半透明的贝壳薄片作为玻璃的类似盒子，已经成功地被利文斯通的朋友约翰·里夫斯（John Reeves）和纳撒尼尔·沃利克使用过。但直到 1829 年，这个问题才由伦敦医生、业余昆虫学家和蕨类植物爱好者纳撒尼尔·巴格肖·沃德（Nathaniel Bagshaw Ward）最终解决。

沃德把一只蛾蛹放在密封玻璃瓶底部的一些腐殖土里，耐心地等待它孵化出来。虽然它最后并没有孵化出来，但沃德观察到，土壤中的水分会在白天蒸发，凝结在玻璃上，然后每晚落回土中，形成一个封闭的生态系统。当一小棵蕨类植物和一些草芽从土壤中长出来时，它们在没有水的情况下存活了整整 3 年：他不仅偶然发现了一种在伦敦烟尘弥漫的空气中种植蕨类植物的万无一失的方法，还开发出一套生命维持系统，可以让植物在不被照料的情况下存活几个月。为了验证他的理论，1833 年，沃德装满了两大箱来自洛迪日（Loddiges）苗圃的植物，并把它们送到悉尼，最终它们完好无损地到达了那里。箱子里重新装入了一些众所周知的娇气的蕨类植物，它们在甲板上待了 8 个月，没有被浇水，其经历的温度变化范围为 -7℃ 到 49℃ 不等，最终到达了几乎结冰的伦敦，洛迪日苗圃称它们处于一种"非常健康的状态"。

约瑟夫·道尔顿·胡克是首位尝试这项新技术的植物猎人，他成功地从新西兰运回了活的植物。而罗伯特·福钧（Robert Fortune）在 1848 年至 1849 年间曾使用沃德箱将 2 万棵茶树"安全、健康"地从中国运往印度。很快，沃德箱就被用于将各种植物运到世界各地。这对全球贸易的影响是巨大的：这使得突破植物地域限制成为可能，方法是将具有重要商业价值的植物从它们的原生栖息地移走（有人会说是偷窃），并将它们引入其他国家种植——就像将橡胶树和金鸡纳树从南美洲转移到远东一样。这对花园的影响也同样显著，因为来自亚洲的新植物涌入，形成了一种新的花园建造风格。园丁们接触的一些植物已经为科学界所知，并在科学文献中得以命名和描述。但像 E.H. 威尔逊这样的植物猎人，那时第一次能够将活植物引入栽培。（发现日期和引入日期之间总是有区别的。）

今天，只有极少数无畏的个人继续为我们的花园寻找新的植物。采集活植物材料受到的严格限制意味着大多数现代植物猎人要么是植物学游客，只拍摄令人兴奋的照片，要么是从事保护工作的科学家。在许多方面，他们的探险更轻松。他们可以在几天内到达目的地，而不是几个月；早期的植物探险者盲目地进入连地图都未绘制的区域，而如今的植物探险者装备着谷歌地球（Google Earth）和全球定位系统（GPS）；他们有高科技的靴子和轻便的防水衣，而他们的祖先穿着粗花呢就勇敢地去喜马拉雅山上探险了。但读过他们的博客我们就会发现，考验和磨难仍然是不变的——雨、雾、水蛭和无数叮咬人的昆虫、晒伤的耳朵、冻僵的脚趾及高原反应引起的头痛欲裂，无法通行的小路和无法攀登的树木，到达一个地方过早或过晚而不能采集种子的挫败感。正如著名的美国植物猎人丹尼尔·欣克利（Daniel Hinkley）在回忆探险过程时所说，2014 年有两周的时间里他身上从来没有干过，"这个过程中有无数次既有收获又愉快的时刻，但也有很多时候只是有收获而已"。

20 世纪早期的采集家弗兰克·金登·沃德（Frank Kingdon Ward）将植物猎人的生活描述为漫长且单调乏味的过程中夹杂着几秒钟的快乐，然而就是这几秒钟的快乐使所有的痛苦和无聊都变得值得。

那么为什么会有人选择这样做呢?

对玛丽亚·西比拉·梅里安或约翰·巴特拉姆(John Bartram)等人来说,植物的美丽和神秘证明了造物主的善良。其他人,如约瑟夫·班克斯、亚历山大·冯·洪堡和查尔斯·达尔文,则为了对世界有新的科学理解而进行探索。E.H.威尔逊爱上了中国,乔治·福里斯特爱上了喜马拉雅山,大卫·道格拉斯等无数人纯粹是因为热爱冒险。一些人意外地成为植物猎人,从照看温室的平和工作中被拽了出来。几乎没有人想要回到过去的生活中。弗兰克·金登·沃德在 1924 年出版

一位园艺家把植物装进一个准备运输的沃德箱里,邱园收藏,拍摄于 20 世纪四五十年代

的《从中国到坎底》(*From China To Hkamti Long*)一书中写道:"植物采集家的工作就是发现隐藏的世界之美,这样其他人就可以分享他的喜悦了。"

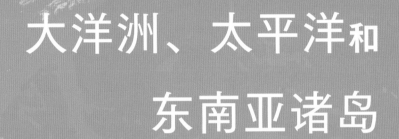

大洋洲、太平洋和

东南亚诸岛

从 15 世纪到 18 世纪，一个隐秘且广袤的南方大陆经常出现在欧洲人所绘制的世界地图上。古希腊的地理学家们非常清楚地认识到地球是圆的，并提出了一种理论，认为地球的南部需要一块大陆来平衡已知的赤道以北的陆地。但在中世纪，教会坚持鼓吹地球是平的，压制了存在南方大陆这一观点，直到 15 世纪和 16 世纪初，大航海时代证实地球确实大致是球形的，巨大的南方大陆才以各种形式重新"出现"，每一次新的发现之旅都会促使其于地图上的位置发生变化。

1768 年，詹姆斯·库克受英国政府委派去寻找南方大陆。他所发现的大陆后来被称为澳大利亚。这个名字由英国船长马修·弗林德斯（Matthew Flinders）提出，是他第一次环游了他们新发现的这片巨大陆地。与库克同行的科学家们从这次旅行中带回的动植物标本，其神秘和惊奇之处堪比 20 世纪宇航员从月球上带回的岩石。这些先驱中的代表，英国博物学家约瑟夫·班克斯和瑞典植物学家丹尼尔·索兰德（Daniel Solander），纯粹是出于科学目的进行采集。但他们所见的这些完全陌生的植物，连同见识到的原住民利用它们的方式，促使班克斯开始考虑，若是进口和交换这些植物，这会对一个不断发展的帝国有着怎样的裨益。

其结果所带来的影响是深远的。在班克斯的鼓动下，英国人在澳大利亚建立了殖民地。英国王室还批准了他的系统化的植物搜集计划，创造出一种新的探险家类型——专业的植物猎人。

随着西欧的海洋国家纷纷建立横跨全球的帝国，越来越多奇妙的植物从太平洋被运往欧洲，其中既有食肉植物，也有人们所见过的世界最大花朵。

新西兰麻

——斗篷、风帆、绳索与英国海权

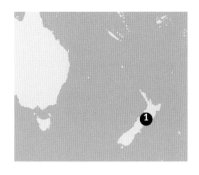

学名：麻兰（*Phormium tenax*）

植物学家：约瑟夫·班克斯

地点：新西兰

年代：1769 年

我们很难想象挤在"奋进号"上的 90 名幸存者的感受。"奋进号"是一艘改装的货船，长度只有 32 米，最初是为了把煤炭运出惠特比而建造的。1769 年 7 月 13 日，"奋进号"从南太平洋的塔希提岛出发，向南航行，驶入浩瀚的海洋，从来没有人（至少肯定没有欧洲人）在那里探险过。它只能被比作一项太空任务——一艘小飞船独自在无尽的未知中探索，结果可能只是徒劳无功（它在 18 世纪就像我们如今在火星上寻找生命的迹象一样），但找到一个理论上存在的南方大陆将给发现它的大胆国家带来难以想象的财富和荣耀。

这是国王乔治三世亲自下达的保密命令，他为这次探险提供了资金。按照官方说法，"奋进号"原本的任务是前往塔希提岛观测将于 1769 年 6 月 3 日发生的金星凌日现象。发起这次探险的英国皇家学会声称："这一现象的观测肯定能对航海极其依赖的天文学的进步起到巨大的作用。"

选择塔希提岛只是一种偶然——1767 年起航的第一艘"发现"塔希提岛的西方船只在英国皇家学会提议安排这项任务前不到一个月恰好返回了英国，船员们带回了关于这个"天堂岛"的夸张故事，但关于它所在的位置只有最粗略的信息。能够再次发现它其实是一个导航奇迹——证明了詹姆斯·库克尉官非凡的能力，他还是一名很有经验的天文学家和杰出的制图员。（直到 20 世纪 50 年代，人们仍在使用他所绘制的大堡礁地图。）

随着（发现）"天堂岛"的喜悦而来的，是更多的奇迹。法国探险家路易-安托万·德·布干维尔（Louis-Antoine de Bougainville）在 1768 年登陆该

Pub. by S. Curtis Glazenwood Essex. Dec.1.1832.

Swan

威廉·杰克逊·胡克（William Jackson Hooker）所绘制的麻兰，引自《柯蒂斯植物学杂志》，1832 年

岛，他将该岛描述为"乌托邦"，而约瑟夫·班克斯则称其为"现实中的桃花源"。他感叹说，相比于欧洲人必须为他们的一日三餐劳作，快乐的塔希提人只需要采摘周围生长的丰富水果，随后就可以用冲浪和性来打发他们充裕的闲暇："性爱占据了当地居民的大部分时间，是他们最喜欢的，甚至几乎是其唯一的享受。"

约瑟夫·班克斯是一位青年才俊，他凭借巨额财富为自己和科学团队在"奋进号"上买到了位置。他出身于富裕的地主家庭，是第一代接受绅士教育的人，但他不怎么重视这种教育，他更喜欢在乡间小路上漫步寻找野花。去牛津大学读书后，他发现植物学教授并不授课，于是就从剑桥请来了一位导师有偿讲授教程，这是班克斯精力、胆识和组织能力的早期例证，这些品质则是他漫长而具有独特影响的一生的特征：班克斯后来成为大卫·爱登堡所说的英国科学界未来两代人的"伟大领军人物"。

班克斯的父亲于 1761 年去世，3 年后，21 岁的班克斯继承了一大笔财富。他没有像大多数富家子弟那样游学旅行，而是选择陪同一位来自伊顿公学的老朋友去如今的纽芬兰和拉布拉多省进行海军探险，从那里他带回了大约 340 种植物的记录和标本，给自己赢得了作为一名博物学家的可靠声誉。1766 年，在返程的路上，他当选英国皇家学会会员，后来担任了 42 年的英国皇家学会主席。

1764 年，他遇到了丹尼尔·索兰德，即伟大的瑞典植物学家卡尔·林奈的学生和继承人，正是林奈的双名法物种分类系统给科学带来了革命性的变化。在

玛丽安娜·诺斯（Marianne North）绘制的新西兰瓦卡蒂普湖（Lake Wakatipe）景色，1880 年。在这幅画的前景中我们可以看到生长着的麻兰

索兰德的鼓励下，班克斯原本打算去瑞典跟这位伟人一起学习，但一听到金星凌日探险队的消息，他立刻决定加入，索兰德也立即提出要去。库克和海军部表示只要班克斯自己承担旅费就批准他加入，所以 1768 年 8 月 25 日，两人乘坐"奋进号"从普利茅斯出发，船上配备了一个庞大的图书馆，"各种捕捉和保存昆虫的机器，各种用于捕捞珊瑚的网、拖网和鱼钩……"，以及烘干植物的必要设备。团队中还有负责记录他们的发现的两位艺术家——悉尼·帕金森（Sydney Parkinson）负责处理自然历史标本，亚历山大·巴肯（Alexander Buchan）负责记录风景和人物——以及一名秘书、四名仆人和两只大型灰猎犬（这两只灰猎犬令同船的猫、鸡和一只著名的母羊惊慌失措，这只羊已经乘坐"海豚号"环游了全球）。简而言之，他们的朋友约翰·埃利斯（John Ellis）在写给林奈的信中说道："没有人比他们更适合为博物探索而出海了，也没有人比他们在出海时更优雅。"他估算，此次旅程花费了班克斯 1 万英镑，相当于船长年薪的 10 倍。

"奋进号"向西出发，在马德拉岛、里约热内卢（因为被拒绝登陆，班克斯在此地只能进行秘密的突袭式植物采集）和火地岛停靠，在火地岛他的团队中有两人死于体温过低，这是此行的第一批伤亡人员。每到一处，他们都会采集标本并对其进行描述和分类。在登陆之间漫长的几周里，他们不断捕获海洋生物，击落并记录海鸟，然后将它们吃掉。1769 年 2 月 5 日，他们将酱炖信天翁做成一顿广受好评的大餐，终于不再是干巴巴的饼干和德式酸菜了。

当他们从塔希提岛出发时，船长的小屋再次变成了图书馆、实验室和画室。1769 年 10 月 3 日，班克斯在他的日记中描述了这一场景："索兰德博士坐在桌了前做记录，我在书桌前写日记，我们之间挂着·大束海藻，桌子上放着木头和藤壶……"4 天后，也就是在海上航行 7 周后，他们终于看到了陆地。这难道就是自亚里士多德以来一直萦绕在欧洲人想象中的南方大陆吗？

亚历山大的数学家托勒密早在公元 150 年就提出了这一理论，即北半球的大陆必须由南半球的超级大陆来平衡。库克花了 6 个月的时间才确定他们所发现的并不是巨大的陆地，而是我们现在所知的新西兰的两个岛屿，他在这两个

La Patatte .
Convolvulus Batatas .Linn.Sp.Pl.

Genevieve de Nangis Regnault f.

热纳维耶芙·南吉斯–勒尼奥（Geneviève Nangis-Regnault）绘制的番薯（*Ipomoea batatas*），
引自 F. 勒尼奥（F. Regnault）的《人人触手可及的植物学》（*La Botanique Mise à la Portée de Tout le Monde*）一书，1774 年

艺术家本杰明·韦斯特（Benjamin West）为约瑟夫·班克斯爵士绘制的肖像画。班克斯身着一件用新西兰麻制成的斗篷 © The Collection: Art and Archaeology in Lincolnshire (Usher Gallery, Lincoln)/Bridgeman Images

岛屿周围航行，仔细地绘制了海岸线。不过，班克斯并没有放弃希望："我坚信南方大陆一定存在。但如果问我为什么这样认为，我承认我的理由是站不住脚的。不过我有一种先入为主的倾向，那就是支持我很难解释清楚的事实。"

班克斯在新西兰的第一天是其"一生中最不愉快的一天"，以几名毛利人的死亡而告终——他们顽强地抵抗了入侵者。在接下来的几个月里，他会从岛屿上令人惊叹的植物中得到安慰，并对这个勇武的民族产生深深的敬意。在他收集的 400 种植物中，有美丽的新西兰圣诞树（*Metrosideros excelsa*，因为它在 12 月开花而得名），奇异的鹦喙花（*Clianthus puniceus*），许多蕨类和苔藓，一种他命名为"*Orthocera solandri*"（现在改名为 *O.novae-zeelandiae*）的兰花，以及番薯——毛利人的主要作物，早在欧洲人到达之前就已经从南美洲和中美洲传到了整个波利尼西亚。但令人印象最深的是麻兰，这种仅产于新西兰和诺福克岛的沼泽植物被毛利人用来制造各种纤维，从止血的软绷带（因为这种植物含有凝血酶）到绳索和网兜，其强韧程度比西方任何纤维都要坚固许多倍。毛利人擅长根据质地选择不同植物来制作篮子、渔具、垫子、鞋子和衣服；1773 年绘制而成的一幅著名的班克斯肖像画中，他穿着从航行中带回来的麻兰斗篷。

麻兰的抗拉强度给班克斯留下了特别深刻的印象。有了这种植物，他开始用一种新的方式来思考植物学——不仅是出于纯粹的科学兴趣，也是为了给英国及其殖民地带来利益。他后来写道："稳定的麻兰供应对我们这个海军强国来说将是非常重要的，因为我们可以用它生产帆布和绳索。"它将减少英国对俄国亚麻的依赖。（1795 年，麻兰被当作礼物送给俄国，被解读为礼貌含蓄的威胁：班克斯善于将植物作为外交交流的工具。）他提出，种植这种植物的理想地点是位于悉尼的一个新殖民地：班克斯后来成为勘探澳大利亚和殖民新南威尔士的主要参与者。

然而，在 1770 年 3 月 31 日，当"奋进号"启程回国时，库克和班克斯还不知道这个难以找到的南方大陆就在他们的前面——不到 3 个星期的路程就可以到达。

班克木
——奋进探险家与邱园腾飞之路

学名：锯叶班克木（*Banksia serrata*）
植物学家：约瑟夫·班克斯、丹尼尔·
索兰德
地点：澳大利亚新南威尔士
年代：1770 年

约瑟夫·班克斯并不是第一个在澳大利亚进行植物学研究的英国人。这一殊荣属于学识异常渊博的海盗威廉·丹皮尔（William Dampier），他于 1699 年在澳大利亚大陆的另一边进行了植物采集（班克斯在他的日记中提到了丹皮尔的游记）。但班克斯是第一个看到澳大利亚东海岸的人，日期是在 1770 年 4 月 19 日。他对所看到的并不感兴趣，将眼前的风景比作"瘦牛背"，但一经登陆，他就发现了一片种类极其丰富的新植物（他采集了 132 种植物），以至于库克绘制的"黄貂湾"被重新命名为"植物湾"。到了 5 月 3 日，班克斯写道："我们收集的植物数目巨大，实在有必要对它们进行一些特别的处理，防止它们在书中腐烂。"他在海滩上忙碌了一天，在阳光下晒干了他的标本，包括新收集的锯叶班克木和海岸班克木（*B. integrifolia*）——这是他第一次遇到最终以他的名字命名的壮观的班克木属植物。

澳大利亚大约有 170 种班克木，除了一种之外均为这个大陆特有，从小灌木到 30 米高的乔木不一而足。它们是山龙眼科的成员，就像它们的非洲表亲一样，是由采蜜动物授粉的。鲜艳的红色和黄色的花序吸引了以花蜜为食的鸟类，还有蜜貂——一种不比老鼠大的小型有袋动物——也是许多班克木属植物的关键授粉者。像山龙眼一样，它们生长在非常贫瘠的土壤上，火在它们的生态中起着至关重要的作用。南半球的许多植物都表现出延迟开裂特征，这是种子只有在环境触发因素（通常是火灾）的作用下才会释放出来的一种特性，

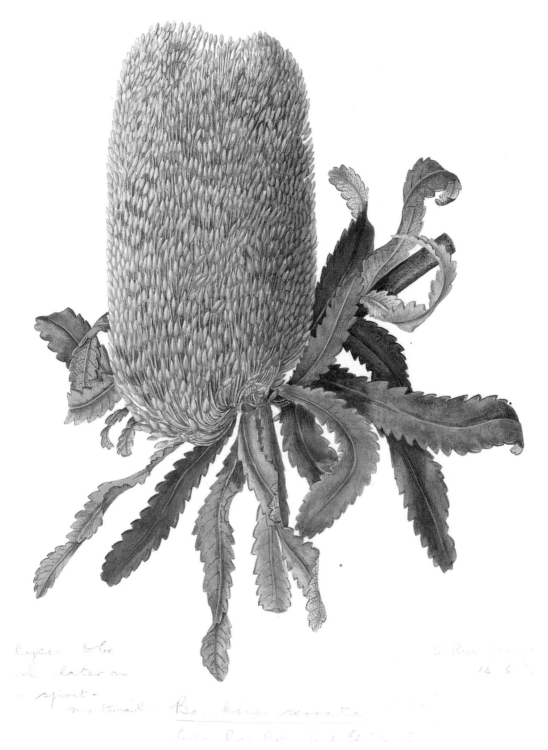

斯特拉·罗斯–克雷格（Stella Ross-Craig）所绘的锯叶班克木，引自《柯蒂斯植物学杂志》，1942 年

而班克木有一种更巧妙的适应方式，需要用火来打开球果，但种子直到着火之后下雨时才会掉落出来，这为其发芽提供了完美的条件。

库克从植物湾出发，向北绘制海岸图，没有意识到他们很快就会被大堡礁困住，当时西方航海家对大堡礁仍然一无所知。两年前，德·布干维尔从东方靠近大堡礁，听到了海浪的轰鸣声，迅速掉头离去。"这是上帝的声音，"他写道，"我们听从了它。""奋进号"向北缓慢行驶了超过 950 千米，前面有一艘划艇测量水深，蜿蜒穿过致命的珊瑚礁，直到 1770 年 6 月 11 日，不可避免的事情发生了，船搁浅了，在水线下破了个洞。班克斯在抽水机旁工作了几个小时，筋疲力尽，以为就此到了生命终点。救他们的是一名海军见习军官，他提出了一个不太可能实现的计划：将麻絮（一种由散开的旧绳子制成的纤维材料）塞进帆里堵住这个洞，以此减慢进水速度，赢得足够长的时间让船漂浮起来。最终，"奋进号"跌跌撞撞地到达现在的奋进河入口的安全地带。在船体修复期间，班克斯和索兰德有整整 6 个星期的时间进行植物学研究，收集了更多的桉树、银桦、红千层和金合欢树。他们还吃掉了所见到的第一只袋鼠。

船员们已经尽了最大努力修理船体，但"奋进号"需要更多实质性的维修才能恢复正常使用。因此，别无选择，"奋进号"只能停在巴达维亚（今雅加达），这是他们穿过可怕的珊瑚礁后才到达的。但巴达维亚也有其可怕之处：健康抵达的船员们面色红润，身体健硕，但他们很快就从城市臭气熏天的运河中感染了疟疾和痢疾，几周内就有超过三分之一的人死亡。在班克斯最初的 9 人团队中，只有 4 人在 1771 年 7 月 12 日回到了英国，分别是两名仆人、索兰德和班克斯本人。就连他心爱的名叫"拉迪"（Lady）的灰猎犬也死了。

尽管班克斯和索兰德的藏品被淹损失了部分，但他们还是带着数千幅插图和 3 万多份植物标本回来了，并据此描述了 110 个新属和 1 300 个新物种。通过这一次旅行，他们将世界上科学描述的植物种类足足增加了 25%。他们一夜成名，并在邱园受到了国王乔治三世的接见，这座英国皇家植物园是国王从他的植物收藏家母亲奥古斯塔那里继承下来的。到了 1773 年，班克斯已经为自己创造了一个非官方的角色，即"英国皇家植物园的管理者"，他说服国王相信，邱园可以不仅仅是一个私人的娱乐花园，它还可以成为一个伟大的植物园林，世界上最伟大的植物园林。第一步就是说服国王通过邱园雇用自己的植物采集家，而不是依赖外国政要或殖民地商人随机赠送的礼物。第一位是弗朗西斯·马森（Francis Masson），早在 1772 年他就被派往南非，很快又有数十人被派往世界各地：安东·霍夫（Anton Hove）和乔治·卡利（George Caley），紧随其后的是彼得·古德（Peter Good）、戴维·纳尔逊（David Nelson）、艾伦·坎宁安（Allan Cunningham）、詹姆斯·鲍伊（James Bowie）、威廉·克尔（William Kerr）及其他人。（班克斯青睐苏格兰人作为植物采集家，因为他们勤劳节俭，不会自以为是、摆出高高在上的绅士派头。）他们的任务不仅仅是进行纯粹的科学研究，还包括要找到对大英帝国有益的植物。据称，在班克斯的授意下，英国引进了近 7 000 种新的植物。

班克斯本人后来只进行了一次探险。他原计划与库克一起乘坐"决心号"（Resolution）进行第二次环球航行，并带上一支庞大的队伍，其中莫名其妙地包括两名法国圆号演奏者。但他坚持要求的额外舱位会使这艘船变得不安全，海军部拒绝了他的要求，班克斯施压威胁说自己要退出这次环球航行计划。海军部没有理睬他的虚张声势，"决心号"离开了，班克斯不得不安排他自己的探险。由于当时流行一股"火山热"，他选择冰岛作为目的地。这次探险只持续了 6 个星期。

此后，班克斯把他的全部精力都献给了邱园和英国皇家学会。1778 年，年仅 35 岁的他当选英国皇家学会主席，一直任职至 1820 年去世前几天。他领导这两个机构，并不知疲倦地为科学进步不断做出贡献，尤其是在植物学和农业方面。（澳大利亚羊毛产业、印度阿萨姆邦的茶叶产业和加勒比海地区的杧果产业都要归功于班克斯。）他在苏豪广场所管理的图书馆和植物标本馆成为植物学家的国际聚会场所，即使在战争时期也是如此。在他的一生中，科学压倒了政治：班克斯在整个法国大革命、拿破仑战争和美国独立战争期间都与其他科学家保持着友好的关系。在曾经是罪犯、激进思想家和宗教狂热分子流放地的美国独立后，班克斯的注意力集中到了新南威尔士的殖民化上，正是他提

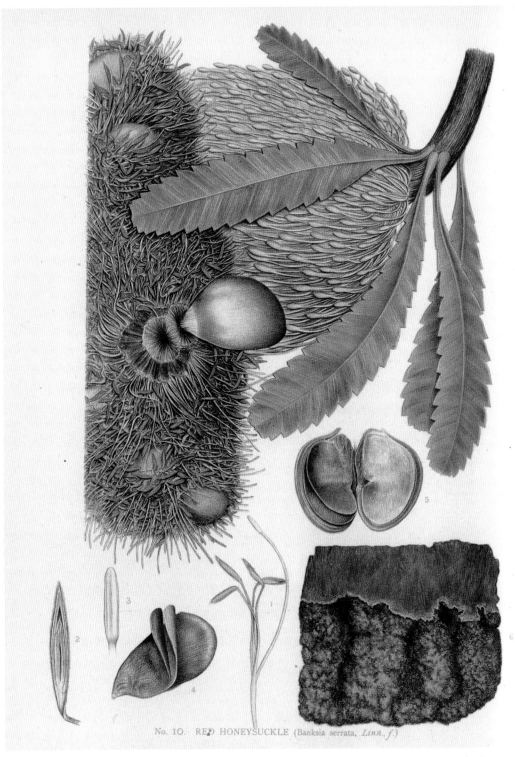

No. 10.　RED HONEYSUCKLE (Banksia serrata, *Linn., f.*)

爱德华·敏琛（Edward Minchen）所绘制的锯叶班克木，引自 J.H. 梅登（J.H. Maiden）和
W.S. 坎贝尔（W.S. Campbell）所著的《新南威尔士州的开花植物和蕨类植物》（*The Flowering
Plants and Ferns of New South Wales*），1895—1898年。仅在悉尼地区就有 2 000 多种原生植物，
这比整个英国的都要多

议将植物湾作为一个新的流放地。他积极参与了新殖民地的建立过程，与历届总督通信，直到他去世。

在邱园，班克斯与首席园丁威廉·艾顿（William Aiton）一起努力扩大植物采集范围，到1789年，他们得以出版了一套名为《邱园植物》（*Hortus Kewensis*）的三卷本名录，其中列出了邱园当时引种栽培的所有植物。名录中记载了5 600余种植物。其中既有温室里各类奇异的热带植物，也有来自北美洲的令人兴奋的特色乔木，还有各种有潜在经济价值的植物。班克斯认为邱园是"帝国伟大的植物交流中心"，位于从牙买加到加尔各答和锡兰（斯里兰卡的旧称）的全球植物园网络的中心。这些很大程度上是英国东印度公司的财产，该公司的商人和海员，以及越来越多以国王的名义为帝国的需要提供服务的军官、外交官和传教士，尽其所能地向邱园贡献自己的一切。那些看起来有经济价值潜力的植物，无论是水果、纤维植物、香料还是药用植物，或者是为工业革命的新工厂供应所需的原材料，都可以在邱园中试验，其中最有希望的植物将被运往可能最有利用前景的殖民地。在植物产品（如木材、糖料、茶叶和烟草）占全球贸易90%的那个时期，殖民者们将其从世界上一个被征服的地区转移到另一处的行为并不属于"海盗行为"（20世纪末的概念），而是被视为一项减少饥饿、创造财富的爱国事业，最终有助于造福全人类。

与此同时，观赏性植物在邱园和快速发展的苗圃行业之间稳定运输。锯叶班克木最初是由班克斯的朋友詹姆斯·李（James Lee）在哈默史密斯（Hammersmith）的葡萄苗圃培育的，这是第一种在英国种植的澳大利亚植物。它来源于1788年从植物湾送回来的种子：班克斯几乎没有带回可存活的种子，他感兴趣的是科学，而不是园艺。1804年，他成为伦敦园艺协会的8个创始成员之一，在他去世后，该协会成为植物探险的主要力量。

蜡花

——英年早逝的天才植物画家

学名：澳洲球兰（*Hoya australis*）

植物学家：悉尼·帕金森

地点：澳大利亚昆士兰

年代：1770 年

在"奋进号"没能回家的船员中，悉尼·帕金森是一位关键人物，这位才华横溢的年轻艺术家来自爱丁堡，受约瑟夫·班克斯的委托记录他的发现。帕金森于1771年1月26日死于痢疾，并被海葬，年仅26岁。

班克斯曾聘请帕金森绘制他在拉布拉多采集到的收藏品，帕金森的准确性和速度给他留下了深刻的印象。帕金森在"奋进号"上的任务是在标本还处于新鲜、未褪色的状态时将其记录下来。当他的艺术家同伴亚历山大·巴肯因癫痫发作去世时，他还承担了记录风景和人物的工作。他总共画了近千幅画，近乎完美地记录下这段旅程，每天的创作中都会遇到此前无法想象的事物：塔希提人的村庄或毛利人的文身，非凡的岩层，完全陌生的新奇植物、鱼、鸟及其他动物。（他被视作欧洲第一个描绘袋鼠的人。）

这些标本往往来得又多又急，通常他只能用铅笔在很短的时间内将它们勾勒出来，记录下各部位颜色做参考，这样他就可以在以后完成这些画。他把在昆士兰如今的凯恩斯以北的一个短暂停留地发现的澳洲球兰，相当简单地记录下来："花白色，每片花瓣底部都有紫色斑点。花萼和花序梗是白色的。"

虽然球兰的属名是为了纪念托马斯·霍伊（Thomas Hoy）——与邱园隔河相望的锡永宫（Syon House）的首席园丁，但霍伊从未种植过它：直到1863年，英国才开始种植球兰。它是一种常绿攀缘植物，茎肉质多汁，长达10米，花香浓郁，广泛分布于印度－太平洋地区。该属部分物种常常生长在蚂蚁的巢穴上，或者生长在蚂蚁安家的树洞里。

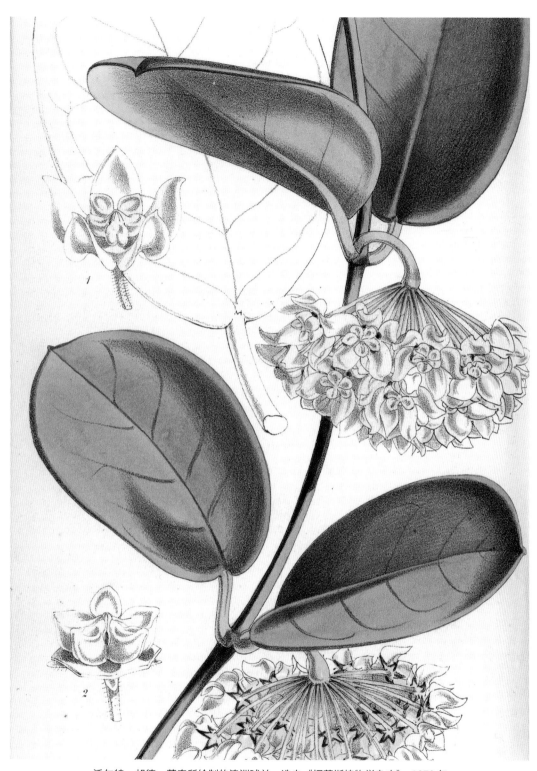

沃尔特·胡德·菲奇所绘制的澳洲球兰，选自《柯蒂斯植物学杂志》，1870 年

基于詹姆斯·米勒（James Miller）的水彩画绘制而成的澳洲球兰，这幅水彩画源于悉尼·帕金森的注释铅笔画。该标本由班克斯和索兰德于 1770 年 6 月在澳大利亚格拉夫顿角（Cape Grafton）采集。Editions Alecto/Trustees of the Natural History Museum, London

蜡花

帕金森的确为他的艺术吃了不少苦。他的队友们因在塔希提岛拥有花天酒地的生活而感到高兴，但这却让作为谦逊的贵格会信徒的他感到不安：他更喜欢花时间编纂词汇表（就像他后来在澳大利亚所做的那样），并且不断地赶工绘画。这不是一件容易的事，因为他被蚊子和苍蝇折磨着。库克记载道："这些蚊子和苍蝇不仅覆盖了他绘画的对象，而且还以最快的速度吃掉了纸上的颜料。"回到海上后，帕金森不得不与摇晃的船做斗争，他与植物学家班克斯和丹尼尔·索兰德在同一个狭窄的船舱里共用一张桌子，经常通宵工作，处理积压的标本。尽管如此，他还是设法在航行中绘制了 955 幅植物画，包括 675 幅素描画和 280 幅水彩画成品，其中有 170 幅是动物画，他还对遇到的土著进行了全面的研究，同时帮助库克绘制沿海地形图。他还写了一本日记，这本日记由他的兄弟斯坦菲尔德（Stanfield）出版，名为《南方大海的航海日记》（ *A Journal of a Voyage to the South Seas* ）。日记和艺术品的所有权成为班克斯和斯坦菲尔德之间的争议问题，这对所有人来说都是一个糟糕的结果。在这本日记的引言中，班克斯遭到了斯坦菲尔德的严重诋毁；不久之后，斯坦菲尔德被送进了精神病院，这导致帕金森的作品一直没有发表，几乎被遗忘了，这种情况直到晚近才改变。

回到英国后，班克斯决心将他的发现出版成一部 14 卷的精美作品集。他雇用了 5 位艺术家将帕金森的素描草稿绘制成成品，在接下来的 11 年里，索兰德努力为许多科学上新发现的植物提供准确的植物学描述，18 名雕刻师耐心地制作了 743 张铜版，能够捕捉到作品中每一个精美的细节。1782 年，索兰德突然去世，但工作仍在继续。到 1784 年，班克斯说，这部作品几乎可以出版了。然而，这部作品并未被出版。在班克斯于 1820 年去世后，这些铜版被遗赠给了大英博物馆，在那里它们被遗忘了 160 年。直到 1980—1990 年（历时 10 年），班克斯的《花谱》（ *florilegium* ）才被——用重新发现的铜版——印刷出来。辛勤工作的英雄帕金森的贡献最后终于得到了认可。

瓦勒迈杉

——2 亿年传奇物种毁于一旦?

学名:瓦勒迈杉(*Wollemia nobilis*)
植物学家:戴维·诺尔(David Noble)
地点:澳大利亚新南威尔士
年代:1994 年

当一种树的种群存活了 2 亿年,却在一天之内被大火烧毁了,这会是一件多么残酷的事情呢? 这就是 2020 年 1 月澳大利亚瓦勒迈杉面临的命运——这种树最早见于化石记录,一直被认为已经灭绝,直到 1994 年,它们在蓝山的一个热带雨林峡谷被重新发现。当时,公园护林员兼野生动物保护官员戴维·诺布尔正在瓦勒迈国家公园(Wollemi National Park)原始森林深处的一个偏远峡谷绕绳下降,降到一处陡峭砂岩悬崖时,他注意到了一小片陌生的针叶树——可能有 100 棵成年乔木和同样多的幼苗。出于好奇,他采集了一份样本进行鉴定,最终的结论是,他在距离悉尼仅 200 千米的地方发现了智利南洋杉自恐龙漫步地球时代以来就再未谋面的远亲。这棵树被命名为“瓦勒迈杉”(属名以公园名命名,种加词则以他的名字命名,也反映了这棵树的高大挺拔:它的高度可以达到 40 米)。

人们立即开始实施了一项保护计划。由于种群如此稀少(虽然在接下来的 10 年里又发现了两个地点),这些树的位置成为一个被严守的秘密——既是为了保护它们不被偷窃,也是为了防止危险的病原体被游客的靴子带进来。(尽管如此,一种有害的真菌还是在 2005 年感染了一些树木。)人们很快认定,保护瓦勒迈杉的最好方法就是将其商业化。(另一种“活化石”水杉于 1944 年在中国被发现,并迅速成为收藏家的必备树种。虽然它在自然栖息地濒临灭绝,但现在它在世界各地的公园和花园里茁壮成长。)2005 年,第一批 292 棵瓦勒迈杉树苗在拍卖会上售出,成交价近 50 万英镑。

贝弗利·艾伦（Beverly Allen）绘制的瓦勒迈杉，来自悉尼皇家植物园作品集，
©Royal Botanic Gardens & Domain Trust，Sydney

37

瓦勒迈杉是曾经遍布整个澳大利亚、新西兰和南极洲的大森林的孑遗物种，几千年来，它已经进化出了一些有效的生存策略。它可以承受从灼热的47℃到-7℃的温度范围，它的生长锥会形成一层白色的蜡质涂层，在寒冷时期保持休眠状态。这个"极地冰帽"帮助它度过了漫长的冰期。它能够长出多条根茎，这种习性很可能是对火的一种防御，使它能够在数百年的时间里不断地从地下再生。

然而，2020年1月的森林大火肆虐了整个公园，摧毁了近90%的植被，甚至烧毁了那些通常不会燃烧的峡谷雨林，人们必须采取紧急行动。在一周的时间里，随着大火的临近，消防员每天早上都会驾驶直升机进入峡谷，在树林中启动水泵和洒水器。空中加油机在山火的前进路径上投放阻燃剂，以减缓大火的速度，这样一来即使火继续蔓延，热量也会减少。整整两天，浓烟弥漫，没有人知道发生了什么事，但在1月17日，人们高兴地宣布，除两棵树之外，其他所有的树都有可能在大火中幸存下来。瓦勒迈杉又一次躲过了灭绝的厄运。

Beverly Alley 2009/11

WOLLEMIA NOBILIS

贝弗利·艾伦绘制的瓦勒迈杉。©Beverley Allen

柯氏彩穗木

——20 世纪殿堂级植物学巨著与其作者

学名: 柯氏彩穗木 (*Richea curtisiae*)

植物学家: 威妮弗雷德·玛丽·柯蒂斯博士 (Dr. Winifred Mary Curtis)

地点: 澳大利亚塔斯马尼亚

年代: 1971 年

柯氏彩穗木是为了纪念不知疲倦的植物学家威妮弗雷德·玛丽·柯蒂斯博士而命名的。它是一种自然产生的杂交种, 由广布于塔斯马尼亚的一种小而多刺的小灌木帚状彩穗木 (*Richea scoparia*) 和更引人注目的亚高山带植物露兜彩穗木 (*Richea pandanifolia*) 杂交而成, 这种植物拥有长达 1.5 米长的锥形叶子, 外观上类似于一种蕨类植物。像它较矮的亲本一样, 柯氏彩穗木也有独特的红色花朵, 最早被记载于《塔斯马尼亚特有植物志》(*The Endemic Flora of Tasmania*) 中。

这是一个具有非凡多样性的植物区系, 有很高比例的特有物种 (占总数的 28%, 在高山生境中高达 60%), 以及地球上一些最古老的生命形式, 可以追溯到 2 亿多年前, 当时各大洲都作为一个被称为盘古大陆的组成部分连接在一起。当盘古大陆分裂成两个超级大陆时, 南部的冈瓦纳古陆包括了现在的南极洲, 当时更温暖、更潮湿, 而且森林茂密。塔斯马尼亚植物丰富的森林被视作最接近曾经覆盖南半球大部分地区的原始植被的遗存。1939 年, 当柯蒂斯博士来到塔斯马尼亚大学任职时, 岛上独特的植物令她兴奋不已。她是为数不多的被委任教职的女性, 虽然她是一名杰出的植物学家, 但从未被任命到最高职位。(事实上, 当 1948 年学校注意到那时有 5 名女性在岗时, 她们的工资被削减到男性的 90%⋯⋯) 直到她 1966 年退休后, 她的事业才开始真正蓬勃发展。她从 20 世纪 40 年代开始编纂的《学生的塔斯马尼亚植物志》(*The Student's Flora of Tasmania*) 一书不断扩充, 成了岛上植物的权威文本, 这项编纂工作使她一直

玛格丽特·斯通斯（Margaret Stones）所绘的柯氏彩穗木，引自威妮弗雷德·玛丽·柯蒂斯所著的《塔斯马尼亚特有植物志》，1967—1978 年

忙到将近 90 岁，1967 年她着手编写《塔斯马尼亚特有植物志》，这个项目起初只是完成 35 幅迷人的塔斯马尼亚植物的图画绘制任务，但最终以 6 卷结束，现在这部书被誉为 20 世纪最重要的植物学作品之一。

这部植物志的发起人是米洛·塔尔博特（Milo Talbot），马拉海德第七代塔尔博特男爵，他是一名有点儿古怪的单身贵族，也是一位充满激情的园丁，当他的好朋友和剑桥导师安东尼·布伦特被发现是苏联间谍时，他作为外交官的职业生涯也只能画上了一个匆匆的句号。这位男爵不仅继承了一座爱尔兰城堡，还继承了塔斯马尼亚北部的一处大庄园，并于 1952 年第一次涉足那里。对于一个喜欢稀有植物的人来说，塔斯马尼亚的"马拉海德"简直就是天堂：他很快就把植物送回了爱尔兰的马拉海德（塔尔博特这家人在命名他们的财产时没什么想象力），他在那里建立起了一个巨大的收藏地。当他决定将最初的委托扩展为一项严肃的科学工作时，柯蒂斯显然是不二人选。柯蒂斯组织了一群狂热的植物爱好者，在岛上的每一个角落寻找新鲜的植物材料，并以最快的速度把这些标本通过飞机送到伦敦，好让它们在褪色前被植物画家玛格丽特·斯通斯画出来。

生于澳大利亚的斯通斯偶然发现了自己的这项技能。当时她已经是一名艺术家，在因感染结核病而卧床 18 个月后，她开始以花作为创作主题。由此她开始学习植物学和植物学插画。1951 年，为了扩充自己的植物学知识，她搬到了英国，并在邱园附近定居。几年之内，她成为最受尊敬的植物学出版物——《柯蒂斯植物学杂志》——的主要画家，在 25 年的时间里贡献了 400 多幅植物水彩画。她为《塔斯马尼亚特有植物志》提供了 254 幅精致的水彩画。在互联网出现之前，在地球的两端分开工作面临不小的困难，但柯蒂斯满意地指出："我不需要提醒斯通斯，她总是知道为了便于正确的分类应该画哪些部分。"

米洛·塔尔博特于 1973 年——就在第 4 卷出版后不久——离奇去世，年仅 60 岁。这个项目最终是由他的妹妹罗丝完成的。相比之下，他的两位合作者都十分长寿，晚年作品也颇为多产，斯通斯活到 98 岁，柯蒂斯活到 100 岁。

露兜彩穗木，引自约瑟夫·道尔顿·胡克所著《塔斯马尼亚植物志》（Flora Tasmania），记录于 1860 年胡克和罗斯的南极航行。胡克是第一位描述塔斯马尼亚植物区系的西方植物学家

面包树

——世外桃源的馈赠

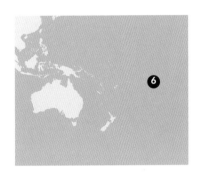

学名：面包树（*Artocarpus altilis*）

植物学家：戴维·纳尔逊

地点：塔希提岛

年代：1769 年

1768 年，当船长詹姆斯·库克和植物学家约瑟夫·班克斯爵士乘坐"奋进号"出海观察金星凌日时，他们的官方目的地是新发现的太平洋岛屿——塔希提岛。在这里，他们发现了一个和平富足的天堂，一个充满自由爱情和丰富食物的世外桃源，树上开满了鲜花，结满了果实。班克斯对面包树的慷慨馈赠印象尤其深刻，这种树生长在我们现在所说的农林复合系统中。这棵树成熟迅速，并且能数十年保持高产，一年四季都能结出大量富含淀粉、营养丰富的果实，而且似乎不需要任何照料。

因此，当 1784 年西印度群岛的种植园主与班克斯接洽，希望引进面包树并将其果实当作一种"健康和令人愉快的食物"喂养奴隶时（关键是，它比种植大蕉"消耗的劳动力少得多"），班克斯很快就给予了帮助。几千年来，原产自马来群岛的面包树被寻找新的土地的波利尼西亚航海家带到太平洋彼岸。现在这种树又开始移动了。

在"奋进号"航行之后，班克斯成了一个非常有影响力的人：乔治三世的朋友，英国皇家植物园邱园的非官方主管，还是英国皇家学会的主席。他立刻开始组织一支探险队，将面包树从塔希提岛运送到加勒比海地区，仔细监督这项工作的每一个细节，从规划路线到改装一艘充当苗圃的漂浮船。大船舱通常是船长的私人领地，但此次却被征用来种植植物，并安装上了天窗和通风栅栏，地板加以改造后，可以将植物盆牢牢地插入其中——地板下方配备有一个蓄水池，为了在穿行寒冷的南部海域时保暖，还装上了一个火炉。班克斯选择了威

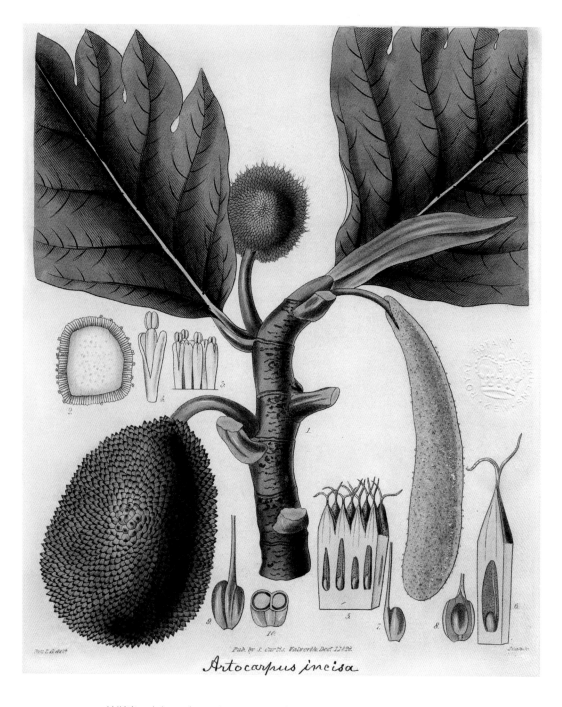

Artocarpus incisa

兰斯当·吉尔丁（Lansdown Guiding）绘制的面包树，引自《柯蒂斯植物学杂志》，1828 年

廉·布莱（William Bligh）尉官指挥这艘被更名为"邦蒂号"（*Bounty*）的苗圃船，后者曾在库克手下参与过他的第二次伟大的探索之旅。班克斯指派了园丁戴维·纳尔逊照看这批珍贵的货物，他在库克最后一次航行中为班克斯采集了一些标本，并对该岛有了一定的了解。

当年班克斯初访塔希提岛时，充分享受了岛上的诸多乐趣。但纳尔逊就没有这样放纵的机会了。班克斯在给他的信中严厉地指出，即使是一小时的疏忽，也可能是"摧毁所有采集的树苗和成株植物的破绽"，并使整个项目功亏一篑。"因此，我强烈地建议你杜绝一切懒惰或酗酒的诱惑。"

他的话很有先见之明。"邦蒂号"花了 10 个月才到达塔希提岛：在 3 次试图绕过合恩角失败后，它被迫掉头朝另一个方向航行。当船员们享受着 5 个月

面包树，引自简·赫顿（Jane Hutton）女士的收藏，邱园，1894 年

面包树

的热带田园生活时，纳尔逊勤奋地照料着他的小树，最终培育出了 1 000 多棵粗壮的树苗。1789 年 4 月，到了该离开的时候，包括大副弗莱彻·克里斯蒂安（Fletcher Christian）在内的一些船员已经娶了当地的塔希提人为"妻子"，他们非常不愿意出海。紧张局势加剧，而船上也没有海军陆战队队员能强化船长的权威。出海后的第 23 天，克里斯蒂安领导了一场叛乱。午夜时分，船长布莱被人用刀尖抵着身体赶下了床，然后与纳尔逊及 16 名被认为忠于布莱的船员一同被塞进一艘敞篷小船里，漂流在距离海岸 2 090 千米的地方。纳尔逊精心培育的所有树苗都被扔到了海里。

布莱的人际交往能力不佳（他以"暴躁的脾气"而闻名），但他在航海方面的才华弥补了这一点。他只带着一个指南针、一个 10 英寸（25.4 厘米）的六分仪、一个象限仪、两本关于数学和天文计算的书籍，就奇迹般地引导这艘船穿过了致命的珊瑚礁，横跨南太平洋最终到达帝汶岛——行程 47 天，6 700 多千米。纳尔逊因旅途劳顿身心俱疲，于某一天的植物采集工作结束后在这座岛上离世。其他人回到了英国，布莱因船的损失而受到军事法庭的审判，但被免除了刑罚。

1791 年，布莱再次回到了塔希提岛。这一次，他的任务成功了，向圣文森特岛和牙买加运送了 678 棵健康的面包树幼苗。一年后，据报道，这些树生长得"郁郁葱葱"。班克斯很高兴，而更令他兴奋的是 1793 年布莱带回了从塔希提岛、塔斯马尼亚、新几内亚岛、帝汶岛、圣文森特岛和牙买加收集的 1 283 余株植物，这是邱园有史以来收到的最多的一批植物。

布莱的努力并没有得到西印度群岛的奴隶的一致认可：他们花了几代人的时间才适应吃下这种看起来长相怪异、疙疙瘩瘩的绿色果实。当然，现在面包树结的果实是加勒比海饮食中的主食，被吹捧为"神奇食物"——缓解世界饥饿的重要工具。面包树果实是一种能量丰富、高纤维、无麸质的食物，含有必要的矿物质，不仅能为人提供 B 族维生素、烟酸和维生素 C，还能提供丰富的蛋白质，包含对人类健康至关重要的 9 种氨基酸。总部设在夏威夷州和佛罗里达州的美国国家植物园已经建立了面包树研究所来研究这种作物：世界上有

Tab. 656.

ARTOCARPUS INCISA L.
Der eingeschnittene Brodbaum.

J.J. 普伦克（J.J. Plenck）绘制的面包树，《药用植物图鉴》（*Icones Plantarum Medicinalium*），1788—1812 年

8.15 亿饥饿人口，其中 80% 生活在热带地区，人们希望面包树能为他们提供一种廉价、可持续的方式以实现粮食安全。与木薯、水稻或土豆等传统的淀粉作物不同——上述作物每年都要重新种植——面包树只需要种植一次，而且只需要最少的维护。它们可以在各种各样的条件下茁壮成长，甚至在盐碱地、低洼的环礁上也能生存。在海地和巴哈马等遭受气候变化破坏性影响的国家，补种面包树为人类、野生动物及其他作物提供了树荫和庇护所，提供了建筑用的木材，还带来了诸如保持水土、抵御自然环境侵蚀和碳固存等多种环境效益。

面包树，玛丽安娜·诺斯绘于新加坡，1876 年

大王花

——依傍寄生的"花中之王"

学名：大花草（*Rafflesia arnoldii*）

植物学家：斯坦福德·莱佛士爵士
（Sir Stamford Raffles）

地点：印度尼西亚苏门答腊岛

年代：1818 年

大王花开出了世界上最大的一朵花：2019 年，在苏门答腊岛西部盛开的一朵花直径近 1.2 米。

这种植物最奇怪的地方不只是它的重量（一朵花的重量可以达到 10 千克），还在于它能够在没有自己的根、叶或叶绿素的情况下就开出如此巨大的花朵。它是一种寄生植物，在宿主白崖爬藤（*Tetrastigma leucostaphylum*）的藤蔓中吸收养分和水分。在它生命的大部分时间里，宿主都不知道它的存在：大花草在白崖爬藤体内悄悄地积蓄力量，直到大约 18 个月后，树皮上突然冒出了一个花蕾。在接下来的 6～9 个月里，花蕾稳定地长到甘蓝大小，然后开放成一朵巨大的肉质花，花期很少能持续一周。即使是大象也没有这么长的怀孕期——事实上，这些花最初被认为是由大象授粉的。不幸的是，主要的传粉者竟然是苍蝇，它们被大花草的另一个显著特征所吸引——散发着压倒性恶臭的腐肉气味。

虽然这种植物的缺点十分明显，但斯坦福德·莱佛士爵士依旧将其描述为"或许是世界上最大、最壮丽的花"，大王花属就是以他的名字命名的。当他把一些带有描述的标本碎片寄回邱园时，引起一时轰动。虽然在那个时代，约瑟夫·班克斯也见过不少匪夷所思的植物，但他仍对大花草深感敬畏，称这是"到目前为止我见过的最非凡的植物"。班克斯的得力助手罗伯特·布朗（Robert Brown）是当时最杰出的植物学家，他在给这种植物命名时感到困惑，不知道它应该被划分到哪个科——这一点至今仍困扰着植物学家。

莱佛士并不是自己发现的大王花。这一荣誉归属于陪同莱佛士和他怀孕的

F. A. W. 米克尔（F. A. W. Miquel）绘制的大王花，引自《茂物植物园稀有新植物的选择、栽培和设计》（*Choix de Plantes Rares ou Nouvelles, Cultivées et Dessinées dans le Jardin Botanique de Buitenzorg*），1863—1864 年。Peter H. Raven Library / Missouri Botanical Garden

弗朗西斯·鲍尔（Francis Bauer）绘制的大王花，引自《伦敦林奈学会学报》
(*The Transactions of the Linnean Society of London*)，1822 年

大王花

妻子一同出行的一名马来仆人，他们于 1818 年 5 月一同进入苏门答腊丛林探险。同行的还有一位年轻的美国医生约瑟夫·阿诺德（Joseph Arnold），他同时也是一位有抱负的植物学家，被这位未透露姓名的仆人召唤去看这种"真正令人惊叹"的植物。阿诺德后来在给一位朋友的信中写道："老实说，如果我是一个人，如果没有目击者，我想我会害怕提起这朵花的尺寸。"莱佛士和他的妻子立即着手制作这种植物的纸质模型。"在我们所有人看来，花的蜜腺的容量为 12 品脱（约合 6.8 升），我们计算出这朵大王花的重量是 15 磅（约合 6.8 千克）……"几个月后，阿诺德因高烧死于巴达维亚。目前还不知道这名仆人发生了什么事。莱佛士后来成为新加坡的建立者，也是伦敦动物园的创始人。

大王花现在是印度尼西亚的三种国花之一，另外两种是美丽蝴蝶兰（*Phalaenopsis amabilis*）和茉莉花（*Jasminum sambac*）。它是印度尼西亚丰富的生物多样性的有力象征，这里是世界上 10% 以上被子植物的家园。因此，大王花已经成为一种旅游景观：虽然它相对罕见且花期很短暂，但路边经常会有广告牌，指引人们步行前往附近一株正在开花的植株。虽然该物种本身并未濒临灭绝，但这种人为干扰显然对植物产生了一些影响，许多地点每年产生的花蕾数量都出现了明显的下降趋势。

更令人担忧的是印度尼西亚的森林砍伐速度。20 世纪 60 年代时，该群岛约 80% 的地表覆盖仍是原始热带雨林，但如今印度尼西亚已经失去了一半以上的森林覆盖。尽管最近社会各界一直努力减缓雨林被破坏的速度，但据估计每年仍有至少 100 万公顷的热带雨林被砍伐。这已危及大王花赖以生存的白崖爬藤以及群岛独特的动物类群，例如著名的红毛猩猩。

马来王猪笼草

——溺毙老鼠的食虫者

学名：马来王猪笼草（*Nepenthes rajah*）
植物学家：托马斯·洛布（Thomas
Lobb）、休·洛爵士（Sir Hugh Low）
地点：婆罗洲（加里曼丹岛），沙巴州
年代：1851 年

斑斓的马来王猪笼草确实是一种高贵的植物，是所有热带猪笼草中最大的一种，蔓生的茎可达 6 米，猩红色的瓶状叶非常大，经常会有不小心的老鼠淹死在里面。这种令人惊叹的植物只生长在婆罗洲岛上沙巴州基纳巴卢山（Mt Kinabalu）和附近的坦布尤孔山（Mt Tambuyukon）长满苔藓的森林里，通常生长在岩石和莎草之间的空地上。这些栖息地缺乏植物生长所需的养分，因此马来王猪笼草进化出了一种狡猾的生存策略。

像所有的猪笼草一样（全属大约有120种，仅在婆罗洲就有40种），马来王猪笼草是食虫植物。它鲜艳的斑纹和甜蜜的花蜜吸引了昆虫，小虫子们很容易在光滑的瓶状叶边缘处失足滑落（特别是在下雨后），掉进瓶状叶底部的消化液池中。由于无法爬上"牢笼"的蜡质墙壁，猎物们最终溺水身亡，身体逐渐被吸收。但对于像马来王猪笼草这样的大型"野兽"，以及它的基纳巴卢山邻居劳氏猪笼草（*N. lowii*）和大叶猪笼草（*N. macrophylla*）来说，蚂蚁和甲虫这样的食谱有些寡淡。因此，为了获得额外的营养，它们找到了一种以动物粪便为食的方法。

瓶状叶的盖子会分泌出一种水果味的液体，目的不是吸引昆虫，而是吸引两种特定的啮齿动物——白天活动的山地树鼩（*Tupaia montana*）和夜间活动的巴鲁大家鼠（*Rattus baluensis*），确保稳定的营养供应。这种液体有很好的通便作用。当哺乳动物在植物的边缘保持平衡，舔食盖子时，它们把瓶状叶当成

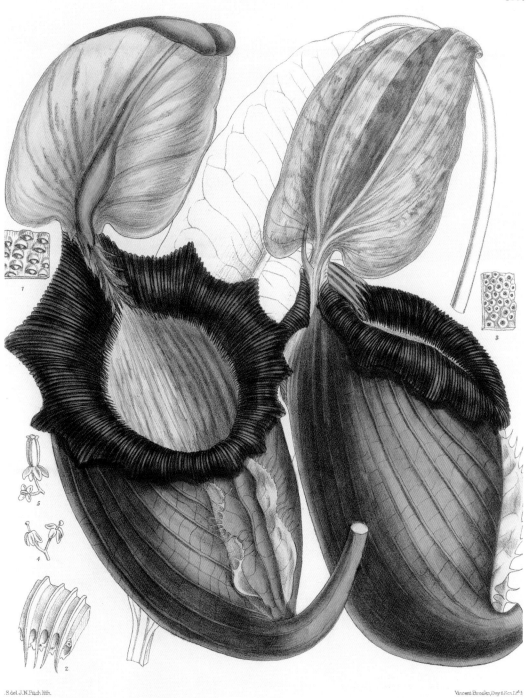

玛蒂尔达·史密斯（Matilda Smith）所绘的马来王猪笼草，引自《柯蒂斯植物学杂志》，1905 年

了马桶，从而为植物提供了丰富的富含氮的粪便。

　　另一种来自婆罗洲低地的赫姆斯利猪笼草（*N. helmsleyana*），有一套更复杂的生存策略。这种猪笼草几乎不会与昆虫为伍，而是为哈氏多毛蝙蝠（*Kerivoula hardwickii*）提供了五星级住宿。就像吸引啮齿动物的马来王猪笼草在大小和形状上精确匹配访客的身体一样，赫姆斯利猪笼草的瓶子为蝙蝠提供了大小完美的睡袋，还有一个便于蝙蝠爬上来的脊，甚至配备了一个能反射蝙

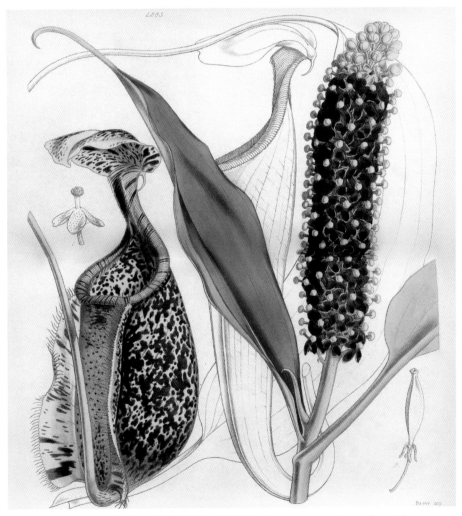

沃尔特·胡德·菲奇所绘制的莱佛士猪笼草（*Nepenthes rafflesiana*），引自《柯蒂斯植物学杂志》，1847 年

蝠的超声波回声的大开口，帮助它们在茂密的植被中定位植物。蝙蝠用粪便支付租金，这些粪便满足了植物 95% 的氮素需求。

虽然植物学家已经习惯了动物吃植物，但却花了很长时间才接受了植物也可以吃动物这个事实。杰出的植物学家林奈在 18 世纪 70 年代宣称，这种观念完全违背了"自然规律"。但食虫植物这一想法却引起了人们猎奇的兴趣，当 1844 年托马斯·洛布将两种猪笼草送回英国时，他的雇主、苗圃管理员詹姆斯·维奇（James Veitch）慧眼识珠，认为它们是新温室里的异国珍奇，具有成为维多利亚时代英国最新时尚的潜力。

维奇苗圃成立于 1808 年，经过五代人的努力逐步发展成为英国最杰出的苗圃，以引进最令人兴奋的新植物而闻名，种植水平甚至远超伦敦园艺协会或邱园。它是第一个雇用专业植物采集员的公司，在 19 世纪 40 年代，将来自康沃尔郡的威廉·洛布和托马斯·洛布两兄弟派遣到地球的两端。威廉首先去了美洲，他带回来了改变景观的树木。从 13 岁就开始当学徒的托马斯那时 26 岁，是苗圃的兰花专家，他被派往东南亚寻找最畅销的兰花种类。

原计划是去中国，但在被拒绝入境后，托马斯·洛布转而在爪哇岛、新加坡、马来西亚（如马六甲州和槟榔屿）采集植物。1844 年，他所运送的第一批温室珍宝抵达英国时正值寒冬，结果却被海关扣留了。当它们被取回时，所有的植物都已经结了霜。然而，维奇尽其所能地"种植"了一些种子，成功地栽培出长有美丽条纹和斑点的莱佛士猪笼草。

在托马斯的第二次旅行中，他得到了明确的指示——找到更多的猪笼草、兰花和新的温室杜鹃花。他曾在印度北部、下缅甸（地区）、沙捞越、苏门答腊岛和菲律宾采集植物，带回了足够多的物种，使维奇得以在 1851 年首届万国工业博览会期间展示各类壮观的猪笼草。他还带回了传说中的大花万代兰（*Vanda coerulea*）和蝴蝶兰，我们今天在超市里买到的所有杂交品种都源自它们。

在托马斯的第三次旅行中，他前往基纳巴卢山寻找马来王猪笼草。1851 年，休·洛爵士作为第一位攀登这座山的西方人发现了该物种，并以他的导师詹姆斯·布鲁克爵士（Sir James Brooke）的名字命名，他是婆罗洲沙捞越的第一位白人王公。但休·洛只采集了植物标本。托马斯试图获得活体植株，但由于该地区的内乱，他不得不凑合着用小一点儿的附生生长的维奇猪笼草（*Nepenthes veitchii*）。1858 年，他在最后一次探险中再次尝试。他又失败了——没能说服怀有敌意的当地人带他上山。休·洛认为，这可能是因为托马斯的探险队太羞怯了，不会恐吓或贿赂村民让他们默许。但托马斯有更紧迫的担忧：他的腿在这次旅行中严重骨折，最终不得不截肢。

直到 1877 年，维奇苗圃的另外两位植物采集家——彼得·维奇（Peter Veitch）和弗雷德里克·伯比奇（Frederick Burbidge），在休·洛的野外笔记的指引下，找到了这种"猪笼草之王"。"当我们凝视着婆罗洲的'安第斯山脉'的这些活生生的奇观时，一切疲劳和不适的想法都烟消云散了！"伯比奇欢欣鼓舞。"在这片云雾缭绕的山腰上，我们找到了邱园一直想要但没有得到的植物珍宝。"除了马来王猪笼草，他们还采集了形态优雅、瓶状叶呈沙漏形的劳氏猪笼草，瓶状叶为红色和口缘具刃形肋状的爱德华猪笼草（*N. edwardsiana*），以及口缘同样复杂的长毛猪笼草（*N. villosa*）。这些物种都极难培育：直到微体繁殖时代到来，猪笼草的商业繁殖才真正成为可能。

即使在今天，新的猪笼草物种仍不断被发现。[仅 2016 年一年，邱园的马丁·奇克（Martin Cheek）就发现了 3 种猪笼草。] 也许最近最令人兴奋的发现是爱登堡猪笼草（*N. attenboroughii*），它是以深受喜爱的英国广播公司自然纪录片节目主持人大卫·爱登堡的名字命名的。2007 年，另一种大型猪笼草——虽然它没有马来王猪笼草那么大——在菲律宾中部的高地上被发现。植物学家第一次注意到这个新物种是在 2000 年，两位基督教传教士试图攀登维多利亚山的偏远山峰时，在山坡上迷路了 13 天。获救后，他们描述了自己在巨型猪笼草群中游荡的情形——最初人们认为这是他们因中暑而产生的幻觉。这种巨大的植物，在科学上还很新奇，被列为濒危物种：像它的大多数热带亲戚一样，它正面临着由于油棕、菠萝和其他作物种植园以及露天采矿造成的大规模栖息地被破坏的威胁。

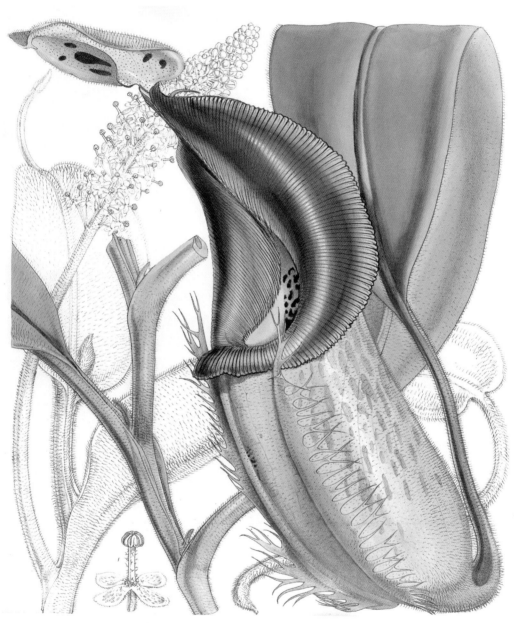

1854—1857 年，托马斯·洛布第三次去婆罗洲时采集了这种植物——维奇猪笼草，并以他的雇主的名字命名。当 1858 年在《柯蒂斯植物学杂志》上刊登插画时，威廉·杰克逊·胡克爵士把它错误地鉴定成了更大的长毛猪笼草，后者口缘处也具有独特的皱褶

亚洲大陆和沿海岛屿

没有哪个大洲比亚洲对西方园林的贡献更大：事实上，可以公平地说，大多数享誉全球的英式花园的特色植物都起源于日本、中国或喜马拉雅山脉。

自古以来，亚洲植物就一直在陆续进入欧洲，贸易路线跨越波斯（伊朗的旧称）和美索不达米亚，深入印度次大陆和中国。泰奥弗拉斯托斯早在公元前3世纪就描述了印度榕树；到了公元前1世纪，欧洲的罗马帝国开始与美索不达米亚的帕提亚人、印度北部的贵霜帝国和汉朝时期的中国进行贸易。

荷兰和葡萄牙商人从日本带回来了第一批植物，后来，日本幕府对葡萄牙传教士咄咄逼人的传教行为有所警惕，于是在1633年关闭了边境。从15世纪开始，中国也基本上成了一个封闭的国家，但耶稣会传教士得到了当时朝廷的容忍，并取得了重大发现，而俄国植物学家始终活跃在亚洲北部。不过，植物交流的主要渠道仍然是英国和荷兰的东印度公司，直到英国王室控制了印度，第一次鸦片战争的爆发和19世纪50年代美国在日本的炮舰外交迫使封闭的国家打开国门。在印度建立的植物园——特别是那些被认为具有经济价值的植物——在植物的转移中起着至关重要的作用。

中国西部地区和喜马拉雅山脉为致力于寻找观赏性植物的植物猎人提供了特别丰富的回报。与北欧相比，这些地区受冰川的影响较小，亚热带地区的高山山脉拥有丰富的温带植物，非常适应西方花园的自然条件。此外，地质上形成不久的喜马拉雅山脉阻挡了物种扩散，并创造出了新的生态位，促进了新物种的进化，进而造就了惊人的植物多样性。随着运输活植物材料能力的提高，西方人的花园得到了前所未有的海量资源。

植物猎人的角色也要经历各种考验。乔治·福里斯特是最成功的植物猎人之一，他在萨尔温江畔写了一封家书，信中写道：

> ……这些小虫子既充满活力又令人烦恼。腿长得不可思议的小生物会突然跳进人们的汤里，外表华丽但有毒的大毛虫身上长满鲜艳的长毛，一本正经地钻进毯子里想要留宿。瓢虫及其他鞘翅目昆虫从林间的树上掉落到人的脖子上，而其他不受欢迎的小生物则会想方设法钻进人的内衣里。帐篷里的光线吸引了一支完美的生物大军，在我周围蠕动、嗡鸣、爬行、叮咬。

他还会遇到更可怕的危险……

银杏

——独一无二的终极幸存者

学名：银杏（*Ginkgo biloba*）

植物学家：恩格尔贝特·肯普弗（Engelbert Kaempfer）

地点：日本本州

年代：1712 年

银杏是不折不扣的终极幸存者。它在地球上至少已经存在了 2.4 亿年，在非洲南部卡鲁盆地发现的最古老的银杏化石可以追溯至那个年代。事实上，化石记录显示，银杏曾经覆盖全球大片地区，生长在加拿大北极地区、格陵兰岛、北美洲和非洲以及整个亚洲和欧洲大陆。大约在 1 亿年前，银杏的数量开始减少，以至于今天地球上只剩下两个地方可以见到野生银杏。这两个种群都在中国南方，种群规模很小且地处偏远区域，以至于长期以来人们认为这种树在自然界中已经灭绝。千百万年来，曾经多样性丰富的银杏属如今已经衰落到只剩下一个物种——但这个物种是如此独特，以至于它独占了一个属（银杏属）、一个科（银杏科）和一个目（银杏目）。

银杏经历了超级大陆的分裂、灾难性的陨石袭击、极端的气候变化和恐龙的灭绝。它甚至在原子弹爆炸中幸存了下来：广岛仍然生长着 6 棵银杏树，这几棵银杏树距离 1945 年造成 14 万人死亡的原子弹爆炸震中仅约 1.6 千米。正是这种非凡的恢复力使这种树仍能在"人类世"时代茁壮成长：虽然银杏自然种群处于极度濒危状态，但如今银杏树在我们的公园和花园中是很常见的，并作为行道树种植在世界各地。仅在纽约就有超过 1.6 万棵银杏树，而且银杏树是日本种植最广泛的行道树。它在抗旱、抗病、抗空气污染、抗根部压实等方面表现突出。但它也有一个缺点。银杏属是雌雄异株——雄株和雌株各是独立的植株。雄株银杏长出微小的雄球花，雌株银杏结出黄色饱满的球果，看起来

不知名的中国艺术家所绘的银杏，邱园罗伯特·福钧的收藏，1850—1860 年

《银杏，纽约东 61 街》[*East 61st Street, New York (Ginkgo biloba)*]，罗里·麦克尤恩（Rory McEwen）绘制，雪莉·舍伍德（Shirley Sherwood）收藏，1980 年。© Rory McEwen from the Shirley Sherwood Collection

很像杏子。但它们可没有杏子的香甜气味：当银杏果实成熟时，它们的味道十分难闻。因此，人们一般只种植雄株银杏。

银杏正是从日本进入西方科学的视野中的。它可能是在公元 6 世纪或 7 世纪从中国传入日本的，与之一起传入的还有汉字、中国的医学体系、中国的建筑和园林风格以及佛教这种新宗教。和在中国一样，在日本人们经常在寺庙区域种植树木，而长寿的银杏使它成为人们崇敬的对象——如今世界上有一株预计已有超过 3 500 年历史的参天大树。1691 年 2 月，德国医生恩格尔贝特·肯普弗在长崎的一座寺庙中发现了银杏，他在《异域采风记》（*Amoenitates Exoticae*，1712 年）一书中描述了银杏，指出其扇形叶子与铁线蕨（*Adiantum*）十分相似。（据他记录，在一顿大餐的尾声，人们会把银杏仁烤熟，然后一点点地咬，可以减轻腹胀。）书中还记载了桃叶珊瑚、茵芋、绣球、蜡梅和各种百合花以及 30 多种山茶。

植物狩猎的故事通常体现出一种殖民主义的傲慢。然而，在 17 世纪的日本，情况却完全不同。自 17 世纪 30 年代以来，日本的军事统治者德川幕府（又称江户幕府）一直奉行孤立主义的锁国政策。日本人不被允许离开自己的国家，对外贸易一般是通过 5 个受到严格管控的口岸来进行的，其中只有一个向西方开放。1639 年，所有葡萄牙商人和传教士均被驱逐出境。只有荷兰东印度公司被允许留下来，它的员工被限制在长崎湾的一个人造岛屿（出岛）上，面积只有 236 步乘 82 步。肯普弗在人造岛上待了两年（1690—1692 年），担任这个幽闭社区的医生。这并不是他的第一选择：他曾希望在巴达维亚找到一份工作，在那里他可以在一个热带的植物宝库里自由探索。但在近东和远东的 10 年旅行开阔了他的思维，锻炼了他的观察力，所以当他到达日本时，他异乎寻常地摆脱了基督教和欧洲中心主义的偏见，并怀有永不满足的好奇心。

由外国人组成的代表团每年只有一次机会被允许穿过重兵把守的大桥，带着礼物前往江户（今东京）的朝廷。这次旅行持续两个月，对于肯普弗来说，这是一次难得的机会，他不仅可以收集到植物，还可以了解这个西方几乎一无所知的社会。植物是很好的掩护：除了能够帮助他画下在路边随手采摘的植物

（当然这也是官方禁止的），还可以使其得以快速地记录和描绘日本生活的方方面面。一切都让他着迷——戴面具的乞丐踩在铁高跷上行走，其他人头上顶着种着绿树的花盆，幕府将军城堡的细节，甚至厕所的使用。（当身居要职的旅客需要小便时，马桶会被消毒，即马桶周围和门上会粘贴干净的白纸。）

　　一到江户，肯普弗就被要求唱歌、跳舞和表演杂技，以供宫廷娱乐，他表现得很优雅。在狭窄的贸易范围之外，日本人被禁止与受鄙视的外国人打交道。但是如果一个外国人恭敬地为他们提供一些免费的医疗，或者教授一些天文学和数学方面的知识，"同时热情地给他们品尝欧洲甜酒"，那么通常这个外国人就能得到他所需要的信息——"甚至是有关被禁止的话题"。不论是从出岛以前的雇员那里了解到的，还是在获准进入荷兰飞地学习欧洲医学或技术（称为"兰学"）的少数日本人那里获得的，肯普弗把收集到的所有细节都补充到了自己的观察记录中。

　　所有这些都被编入了《日本历史》(*The History of Japan*)一书，这本书塑造了欧洲人对日本在那之后的 200 年的看法，影响了从墙纸设计到《日本天皇》(*The Mikado*)剧本的方方面面。肯普弗感激地表示，如果没有他的学生、翻译和文化口译员今村源右卫门（Gen-emon Imamura）的帮助，这一切就不可能实现。今村是一位年轻的长崎语言学家，他不仅以惊人的速度学会了荷兰语（当时教外国人学日语是一种死罪），而且为肯普弗提供了源源不断的信息、书籍和被严格禁用的地图，这些对今村来说都是相当危险的。

　　1727 年，这本书被翻译成英文出版，成为畅销书——但对无法支付出版费用的肯普弗来说太晚了，他已于 1716 年去世。这份手稿被大英博物馆的创始人汉斯·斯隆爵士（Sir Hans Sloane）买下，瑞士图书管理员约翰·加斯帕·舒彻尔（John Gaspar Scheuchzer）不情愿地进行了翻译，还在手稿上加上了自己的手笔，甚至重新绘制了肯普弗的草图。直到 1999 年，肯普弗原稿的准确翻译版本才得以出版。

　　300 多年来，人们一直认为是肯普弗把银杏引进了欧洲，荷兰乌得勒支植物园里的这些古树是 1693 年他带来的种子长成的。然而，2010 年进行的基因研究表明这些古树其实来自朝鲜半岛。它们到达欧洲的途径就成了一个谜。早在 18 世纪 50 年代，伦敦园丁詹姆斯·戈登（James Gordon）就开始种植银杏树，这些银杏树被认为直接来自中国。它成了邱园于 1762 年种下的银杏树——著名的"老狮子"——最有可能的来源。1784 年，银杏树已经传入美国，成为费城园丁威廉·汉密尔顿（William Hamilton）的外来植物收藏。汉密尔顿把三棵树中的一棵送给了植物猎人约翰·巴特拉姆，这棵树至今仍生长在斯库尔基尔河边的巴特拉姆花园中，被认为是美洲最古老的银杏。

关于银杏树的谜团还没有结束。植物学家们并不能确定它是否能作为蕨类和针叶树之间缺失的一环。最近它被认为可用于治疗痴呆。甚至连它的名字都是一个谜。为什么肯普弗要把它的日本名字"银杏"音译为"gink-go"——一个现代日语中并不存在的发音？如今学者们认为这不是一个错误，而是肯普弗的日本合作者今村用他浓重的长崎方言对这个名字进行的忠实诠释。

银杏，托马斯·邓肯森（Thomas Duncanson）所绘，邱园收藏，1823 年。
图中主要展示的是产花粉的雄球花和银杏的嫩叶

绣球

——爱情象征七变花

学名："奥塔克萨"绣球（*Hydrangea macrophylla* 'otaksa'）

植物学家：菲利普·弗朗兹·冯·西博尔德（Philipp Franz von Siebold）

地点：日本九州

年代：1839 年

日本有一种众所周知的民间习俗"花见"（hanami）——朋友和家人在春天聚在一起，陶醉在樱花稍纵即逝的繁华中。但也许不太为人所知的是，进入雨季后，另一种花占据了舞台中心，这便是绣球。这种花原产于日本、中国和朝鲜半岛，至少从公元 8 世纪起就在日本栽培了，但到了江户时代在武士阶层中失宠，因为绣球还有另一个名字——七变花（*Nanahenge*），意为"七种变化"。这个名字反映了几个日本物种（特别是绣球和粗齿绣球）的习性，它们的花色可以根据生境而发生改变，在酸性较强的土壤上会开出蓝色或紫色的花，在碱性土壤上会开出粉红色或红色的花。这一特征被诗人们视为反复无常且容易变心的象征，因此受到了武士的鄙视，对他们来说，忠诚和坚定是最基本的美德。（奇怪的是，粉色绣球被视作爱情的象征，传统上是在结婚 4 周年时赠送。）

其他种类的绣球，特别是乔木绣球（*H. arborescens*）和栎叶绣球（*H. quercifolia*）原产于北美洲，它们是第一批到达欧洲的绣球，由酷爱植物的伦敦亚麻布商彼得·柯林森（Peter Collinson）进口。瑞典植物学家卡尔·彼得·桑伯格（Carl Peter Thunberg）声称从日本引进了第一株绣球。在乌普萨拉师从现代生物分类学创始人林奈后，桑伯格把去日本当作自己的使命，在开普敦进修了荷兰语，在荷兰贸易飞地出岛担任了 16 个月（1775 年到 1776 年间）的外科医生。日本仍然对外部世界闭关锁国，该岛仍然戒备森严，只有 14 名欧洲人和屈指可数的奴隶，只有一群日本官员和翻译可以进出该岛，并在夜间大门上锁

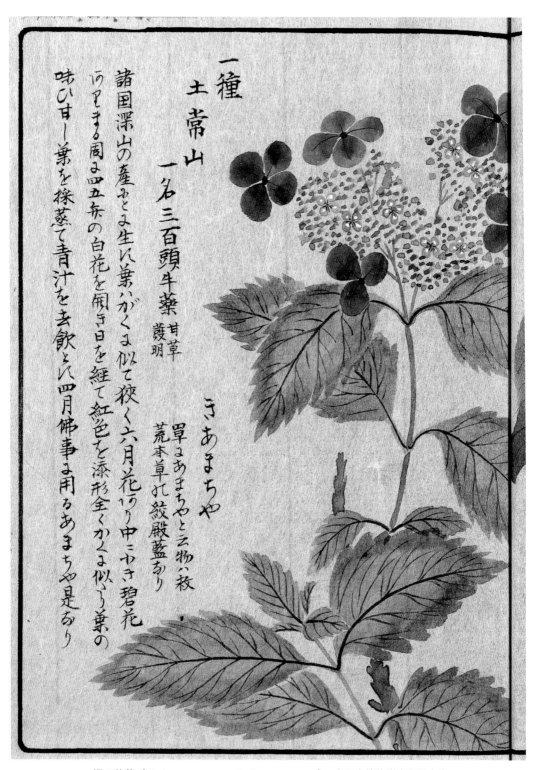

味ひ甘し葉を採蒸て青汁を去飲とべ四月佛事に用ゐるあまちや是るり

諸国深山の産みとま生れ葉ハがくに似て狭く六月花ワり中にやき碧花

いる数る周ま四五弁の白花を開き日を經て紅色を漆形全くかくに似う葉の

きあまちや

囂まあまちやと云物ハ枚

荒本草れ絞嚴藍るり

一名三百頭牛藥 甘草
發明

土常山

一種

泽八仙花（*Hydrangea macrophylla* var. *serrata*），由日本植物学家和昆虫学家岩崎常正（Kan-en Iwasaki 或 Iwasaki Tsunemasa）绘制，比西方植物学家描述的要早一代人的时间

69

时离开，将岛上的居民留在一片"死气沉沉"中。采集植物并不容易。起初，桑伯格唯一的选择是在为岛上牲畜提供的新鲜绿色饲料中进行挑选："我每天检查牛的饲料三次，从中挑选出稀有而罕见的植物，接着烘干它们，将它们作为欧洲的植物学收藏品——我并不能在邻近的平原上自由地采集这些植物。"

桑伯格所挑选的植物中有两种绣球。最终，在历经多次官方途径的争取之后，桑伯格获得了在长崎周围进行植物学研究的许可，但只能在翻译人员和一大批守卫的陪同下进行，每次探险结束时，桑伯格都必须请他们喝酒。花费自然不菲。然而，他成功地在岛上建立了一个花园，从那里他把活体标本送到了阿姆斯特丹，包括两株苏铁（*Cycas revoluta*）、几株观赏性枫树和一直很受欢迎的日本小檗（*Berberis thunbergii*）。1776 年，他获准加入一年一度前往江户向幕府将军表示敬意的使团，并利用一切机会跑到"焦急和气喘吁吁"的看守前面，摘下植物，把它们塞进手帕里。他还获准参观了一家苗圃，并把所有能负担得起的钱都花在了从更远的地区收集而来的"最稀有的盆栽植物和树木"上。他在 1784 年出版了《日本植物志》（*Flora Japonica*），但他的《日本动物志》（*Fauna Japonica*）直到他去世后才出版。1833 年，菲利普·弗朗兹·冯·西博尔德完成了这本书，他是第三位好奇的利用在出岛的医生身份探索日本植物宝藏的欧洲博物学家——这三位都不是荷兰人。

西博尔德出生于巴伐利亚州维尔茨堡的一个显赫的医学世家，后来成为一名眼科专家。受他的同胞亚历山大·冯·洪堡在南美洲的冒险经历的启发，他加入了荷兰东印度公司的军事部门，以便前往东方，并于 1823 年 8 月抵达出岛。在这里，他不仅担负着医疗职责，而且还负责为荷兰王国搜集商业、政治和军事情报。就像在他之前的桑伯格一样，他能够与他的日语翻译和各种日本科学界人士建立良好的关系，既有博物学家也有医生。在成功地治疗了一位重要的地方官员后，西博尔德获得了可以去长崎看望病人的特殊许可。他没有收取任何服务费，但乐于接受任何具有文化或民族特色的物品，以及尽可能多的植物，这些植物被放在出岛上的一个小花园里。1824 年，他获准在长崎郊区开办一所医塾，那里的学生蜂拥而至，想了解西方医学的最新发展。眼科医生尤其热衷于研究西博尔德在白内障手术中使用颠茄滴眼液扩大瞳孔的方法，这是一项当时在日本还不为人所知的技术。西博尔德在长崎用荷兰语进行手术演示和医学讲座，他的学生将其翻译成日语。他们还用荷兰语发表了关于日本医疗实践及其他他们感兴趣的话题的论文，这些文章为他在回到欧洲后出版的不朽著作《日本》（*Nippon*）提供了有价值的（但很大程度上没有得到承认的）材料。围绕着这所教学医院的是另一个花园，里面种满了西博尔德收集的或学生们从日本各地带给他的植物。

1827 年，轮到西博尔德加入前往江户的宫廷之旅。在这里，他遇到了皇家

日本粗齿绣球（*Hydrangea serrata* var. *japonica*），引自日本的植物学著作《本草图谱》（*Honzō Zufu*），1835—1844 年，作者为岩崎常正

西方商人被限制在一座叫作"出岛"的小岛上，该岛通过一座戒备森严的桥梁与日本本土相连。Wellcome Collection

眼科医生，并说服这位眼科医生用一件装饰着德川徽章的礼仪性和服"小袖"（kosode），来换取一些他拥有的神奇的颠茄滴眼液。

在同一次旅行中，西博尔德还复制了日本顶尖地理学家绘制的一些地图，并与宫廷天文学家达成协议，用它们交换一本描述俄国最近环球航行的禁书。（近200年来，日本人一直被禁止建造远洋轮船。）对于获得这些违禁品的外国人和提供它们的日本人来说，这些都是可判处死刑的行为。

西博尔德差一点儿就逃脱了惩罚。荷兰商人早就成了老练的走私犯。（桑伯格讲过一个搞笑的故事，一个荷兰人被抓到在他的超宽裤子里偷偷藏了一只鹦鹉，如果当时鹦鹉没说话，它就会成功地"溜进"他的宠物序列里。）这张地图和和服连同他正在为比利时标本馆筹建而采集的大量植物标本被成功地装载到一艘开往欧洲的船上，其中许多是日本植物学家伊藤圭介（Keisuke Ito）赠送的礼物。但就在船出发的时候，一场猛烈的风暴袭击了长崎，在试图拯救这艘船的过程中，西博尔德的秘密藏品被发现了。后果十分严重：他的联系人高桥景保（Takahashi Kageyasu）被要求切腹自尽，而被指控为俄国间谍的西博尔德则被软禁在家中。

绣球

　　在被监禁一年后，西博尔德于 1829 年 10 月 22 日被驱逐出日本，起航前往巴达维亚。在一个让人想起电影《蝴蝶夫人》（*Madame Butterfly*）的场景中，他两岁的女儿和他的日本"妻子"楠本泷（Kusomoto Taki）在港口的一艘船上挥手致意，她们不能与他一起离开。出岛禁止外国女性入内，因此，向荷兰人派出日式"管家"成了一种惯例。但由于 16 岁的泷是从长崎丸山的游乐区派来的，显然她的职责与打扫灰尘没有太大关系。泷陪伴西博尔德在出岛生活了 6 年，泷似乎真的爱上了他。在西博尔德被驱离一年多之后，她在写给他的一封信中写下了她的心痛和回忆。"我没有一天不以泪洗面。"她叹息道。据她说，他们的女儿楠本稻一直在找她的父亲。（楠本稻长大后成为一名杰出的产科医生，也是日本第一位女西医。）泷给自己起了艺伎名字"其扇"（Sonogi），但西博尔德对她的昵称是"小泷"（日语发音类似 Otakusa 或 Otaksa），当他发现他的医塾附近生长着一种特别好的花很大的绣球时，他就

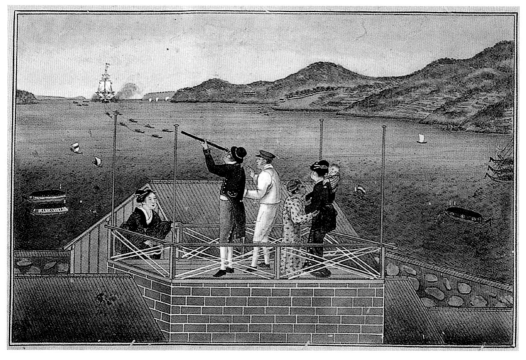

西博尔德看着一艘荷兰船只被拖入长崎港，和他在一起的还有他的情人其扇和他们的小女儿。这是日本艺术家川原庆贺（Kawahara Keiga）的画作，他曾与西博尔德在出岛上合作记录植物和动物标本。 ART Collection / Alamy Stock Photo

用她的名字为其命名[1]。虽然"奥塔克萨"绣球不再被视作一个独立的物种，而是作为绣球的一个变型（绣球花可能非常多变），但得益于硕大的头状花序和明亮的绿叶，"奥塔克萨"绣球是园丁们珍视的传统品种。西博尔德的标本馆绣球标本上印有"其扇"的名字。

1830 年回到欧洲后，西博尔德在荷兰的莱顿定居下来，带着从长崎长途跋涉中幸存下来的 80 种植物（包括竹子、杜鹃、山茶、百合和绣球），他在镇上著名的植物园中建造了一个充满异国情调的苗圃。他与德国植物学家约瑟夫·格哈德·祖卡里尼（Joseph Gerhard Zuccarini）合作出版的两卷本《植物志》（*Flora Botanica*）于 1835 年至 1842 年间相继出版。

1853 年，美国海军准将马修·佩里（Matthew Perry）率领一支美国炮艇舰队，迫使日本幕府开放国门与西方国家进行贸易。长崎于 1859 年作为通商口岸对外开放，同年晚些时候，西博尔德的驱逐令被撤销，他回到日本寻找泷。在过去的 30 年里，她结婚了，他也结婚了；西博尔德这次还带着他 13 岁身材魁梧的德国儿子一起来了。但西博尔德的注意力迅速转向另一名年轻女子，并很快地使她怀孕了——这让他的日本女儿稻深感厌恶，她不愿再与他有任何瓜葛。他的植物狩猎进展比他的政治抱负（他曾希望获得某个官方职位）或他的爱情生活要好得多：1861 年，他沮丧地回到莱顿，但带回了圆锥绣球（*H. paniculata*）、垂丝海棠（*Malus* × *floribunda*）、珍珠绣线菊（*Spiraea thunbergii*）和华丽的南殿樱（*Prunus* × *sieboldii*）。

今天，人们通过许多深受喜爱的园林植物记住了西博尔德，例如漂亮的圆叶玉簪（*Hosta sieboldiana*）和白边玉簪（*H. sieboldii*）、八角金盘（*Fatsia japonica*）、日本海棠（*Chaenomeles japonica*）以及可爱的藤萝（*Wisteria brachybotrys*）——它因挥之不去的芳香而深受日本花园的珍视。西博尔德还引进了一种有害的植物——日本虎杖（*Reynoutria japonica* 或 *Fallopia japonica*），这种植物在日本以外没有抑制其生长的天敌，所以到了欧洲和北美洲就成为一种猖獗的入侵杂草。它们都来自西博尔德收集的一株雌性日本虎杖。

1 也就是用与"小泷"日语发音相似的 otaksa（"奥塔克萨"）来为绣球花命名。——编者注

有名的日本虎杖，安妮·巴纳德（Anne Barnard）所绘，引自《柯蒂斯植物学杂志》，1880 年

紫藤

——花园宠儿的西行之旅

学名：紫藤（*Wisteria sinensis*）

植物学家：约翰·里夫斯

地点：中国广东

年代：1816 年

原产于中国中部的紫藤是一种豆科落叶木质藤本植物，已成为欧洲和美洲花园的宠儿。在历史悠久的意大利花园，如宁法花园或佛罗伦萨的巴迪尼花园中，紫藤花盛开的景色可能是最为壮观的，它装点了古老的石雕，身姿华丽地从桥梁、隧道和柱廊上垂下来。归根结底，这些不同品种的紫藤的来源，几乎都可以追溯至 19 世纪一位中国商人所拥有的位于广州的花园。

1816 年，英国东印度公司的助理巡视员约翰·里夫斯采集了花园中的两株插穗，他们于 1812 年抵达广州。当时，广州是唯一向西方人开放的港口，也是希望在中国进行贸易的商人们的唯一门户，他们被限制在河流和城墙之间的几条街道上。贸易往来只能通过皇帝指定的少数粤商进行，这些粤商被称为十三行。他们中的一些人变得非常富有［事实上，在第一次鸦片战争爆发之前，其中一位名叫伍秉鉴（又名敦元）的人被视为当时的世界首富］，而这些财富中的大部分花在了奢华的花园上。

花园中的植物大都是邀请重要贸易人士的奢华盛宴中的陈设。商人潘振承和他的兄弟，是当地广为人知的乡绅，拥有广州公认的最好的花园。后者的花园令里夫斯感到震撼，花园里摆放着两三千盆令人惊叹的菊花。（他写信给约瑟夫·班克斯，后者在他启程前往中国之前，曾要求他为其采集植物标本，同时搜集他能找到的各类信息，从中国"神仙"到茶叶。）在另一位商人朋友潘长耀（Consequa）的花园里，里夫斯发现了紫藤花。这株紫藤是这位商人用他的侄

紫藤，选自约翰·里夫斯收藏的来自中国广州的植物画。The Natural History Museum / Alamy Stock Photo

子庭官（Tinqua）从福建漳州带来的一株植物培育而成的，但里夫斯不能肯定这是一种野生植物还是栽培植物。

每个月有三天，西方人被允许划船越过珠江去到湖南岛。那里最吸引人的景点是由一个苗圃和花园组成的名为"花地"的地方，这里不仅是罗伯特·福钧，也是里夫斯和后来由伦敦园艺协会派出的植物猎人们的理想"狩猎场"。苗圃种植切花，出租盆栽，出售各种种子和植物，特别是牡丹、菊花、兰花、茶花和杜鹃花。但里夫斯无法说服他们去培育紫藤（或任何其他野生植物），除非里夫斯预先给他们付款。

可能是里夫斯自己用压条法培育紫藤的。他肯定培育了至少两个插穗，在运送它们之前，需要将它们小心翼翼地放在专门的容器里培育一段时间，好让它们提前适应。（这是他收集所有植物的方式，他在中国度过的 18 年中，成功地把数百株植物送出了中国——通过把它们小心地包装在有牡蛎壳的箱子里的

紫藤很快就成为英式村舍花园的重要组成部分——1942 年，斯坦利·斯潘塞在库克姆画下了它的壮丽景色。Stanley Spencer, *Wisteria at Cookham*, Artiz / Alamy Stock Photo

方式。）在船长罗伯特·维尔班克（Robert Welbank）的照料下，其中一个生根的紫藤插穗被放置在英国东印度公司"库夫内尔斯号"（*Cuffnells*）上，于 1815 年年末被带离广州，1816 年 5 月 4 日抵达英国。第二株是在一周后的 5 月 11 日，由里夫斯亲自带上由理查德·罗斯（Richard Rawes）担任船长的"沃伦·黑斯廷斯号"（*Warren Hastings*）。（这两艘船上的水手后来都成了植物学史上的英雄——因将第一批茶花带到英国而闻名。）

第一株紫藤插穗被送到了热心的伦敦园丁查尔斯·汉普登·特纳（Charles Hampden Turner）手中，当他搬到萨里的一座乡村别墅时顺便把这株植物带走了。值得注意的是，它存活了下来，因为它最初是被种植在一个加热到 29℃ 的桃树温室里，在那里它几乎被红蜘蛛（叶螨）毁掉，然后被转移到一个比较阴凉的地方，在那里它被冻僵了至少 3 次。但到了 1819 年，它的健康状况足以使其登上《柯蒂斯植物学杂志》——并被取名为"*Glycine sinensis*"，但里夫斯表示反对，声称为了纪念他的朋友，它应该被命名为"*Wisteria consequana*"。到了 1825 年，它的一个后代在奇西克园艺协会的花园里苗壮成长，他们吹嘘说，它已经开出了 500 多束花。

另一株紫藤插穗的日子要好过一些。它到了罗斯的妹夫托马斯·凯里·帕尔默（Thomas Carey Palmer）手上，他在自己的花园里培育了这棵小苗，到 1818 年，他把一株繁殖的植物送给了哈默史密斯的苗圃管理者詹姆斯·李。大约在 1820 年，著名的洛迪日苗圃从特纳那里购入了一株植物。第一批紫藤花以每株 6 基尼[1] 的价格出售，令人瞠目结舌。

1817 年，里夫斯又起身返回中国。他在中国待了很长时间，并在此期间说服伦敦园艺协会，与其寄送干的植物标本，不如寄回一些植物画作，这样才能更好地展示紫藤等潜在的令人向往的植物最美的光彩。如果园艺协会喜欢它们的外观，那么可以派园丁来保护它们——就像 1821 年约翰·波茨（John Potts）和 1823 年约翰·丹皮尔·帕克斯（John Dampier Parks）所做的那样。里夫斯聘

---

1 原文如此。1816 年英国政府宣布基尼退出了流通货币行列，不再进行面值交易。下文此类不再赘述。——编者注

一種

八重フヂ

南蠻フヂ

紫藤，岩崎常正所绘，引自《本草图谱》，1835—1844 年

请了一支当地的艺术家团队，我们只知道他们是阿坤（Akut）、阿桑（Asung）、阿甘（Akan）、阿丘（Akew）和阿孔（Akona）（"阿"只是表示昵称的前缀，这些人并未留下全名），从 1817 年到 1831 年，他们寄回了 900 多幅精美的画作。那时，中国观察植物的艺术传统与欧洲不同，所以里夫斯不得不用一种全新的绘画风格指导他的团队。在夏季的几个月里，当商人们被赶出广州时，艺术家们在他位于澳门的住处工作，在许多情况下，这些创作图像中的物种成为西方前所未见的类型。

事实上，里夫斯并不是第一个以这种方式与中国艺术家合作的西方人。在他之前的一代人，即 1767 年英国东印度公司的另一位年轻的贸易商约翰·布拉德比·布莱克（John Bradby Blake）来到广州度过了一个季节。在这里，他结识了一位名叫黄亚东（生于 1753 年）的中国男孩，这个男孩帮助他研究中国植物，教会了他说汉语。1769 年，布莱克又回到广州生活，开始创作"图画中的中国自然全景"，并聘请了当地一位名为"Mauk-Sow-U"的艺术家，在他的监督下绘制精确的植物学图画。黄亚东告诉他这些植物的名称和功效。由于布莱克在 1773 年过早去世，这个项目被中断了。然而，黄亚东去了英国，在那里他受到了布莱克父亲的欢迎，并成为一个名人，连乔舒亚·雷诺兹爵士（Sir Joshua Reynolds）都为他画了肖像画。布莱克的一些画作被赠送给约瑟夫·班克斯爵士，他复制了这些画，将其作为之后前往中国的植物采集家的指南。

里夫斯于 1831 年回到英国，当时他培育出来的紫藤在欧洲大陆和北美洲被广泛种植。事实上，世界上最大的紫藤生长在加利福尼亚州的一个花园里，而在美国东南部的几个州，紫藤已经成为一种"杂草"。中国的紫藤有逆时针攀缘的茎和无味的花，而日本的多花紫藤（*W. floribunda*）则沿顺时针攀缘，花朵有香气。在它们的原生栖息地，这些物种在地理上是隔离的。但当它们在花园里相遇时，它们可以产生出令人难以置信的生命力旺盛的杂交种，能够达到 20 米长，主茎的周长可达 30 厘米，重量足以压倒最强壮的林木。

茶

——影响世界的中国植物

学名：茶（*Camellia sinensis* var. *sinensis*）
植物学家：罗伯特·福钧
地点：中国
年代：1849 年

　　罗伯特·福钧在讲述他在中国的岁月时说，这个著名的国家长期以来一直被西方国家视为仙境般的存在。到了 18 世纪中叶，英国人对这片传说中的土地上的丝绸、陶瓷，尤其是茶叶有着永无止境的胃口。虽然 1792 年到访的英国外交使团尽了最大努力想要引起乾隆皇帝的兴趣，但中国人并不想要什么货物作为交换。乾隆皇帝在给乔治三世的信中写道："天朝物产丰盈，无所不有，原不藉外夷货物以通有无。"如果英国人想要茶叶，就必须用白银支付。中国是唯一的供应商，因而得以控制价格。

　　对于垄断对华贸易的英国东印度公司来说，这是一个重大挫折。中国人可能对钟表和望远镜不感兴趣，但有一种商品——鸦片——要求用急需的白银付款，英国东印度公司在孟加拉地区大量生产鸦片并走私到中国。到了 1840 年，中国已经有了 1 000 万名吸食者[1]，中国人不顾一切地阻止非法贸易。第一次鸦片战争就这样开始了——这场战争是由英国人为贩卖鸦片这种毒品而进行的，这让整个国家蒙羞。然而，结果却完全有利于英国。1757 年开始，外国商人一直被限制在广州一个戒备森严的小区域内进行贸易。1842 年，中英两国签订《南京条约》，英国在接下来的 155 年里对香港实行殖民统治，此外，英国还获得了另外 4 个"通商口岸"的通行权。但对中国而言，1842 年的《南京条约》标志着"百年屈辱史"的开始，激发了社会高涨的排外情绪。

1　原文如此，此种说法待考证。范文澜在《中国近代史》中表示，第一次鸦片战争前夕，据 1835 年的数据估计，吸食洋烟的有 200 万人以上。——编者注

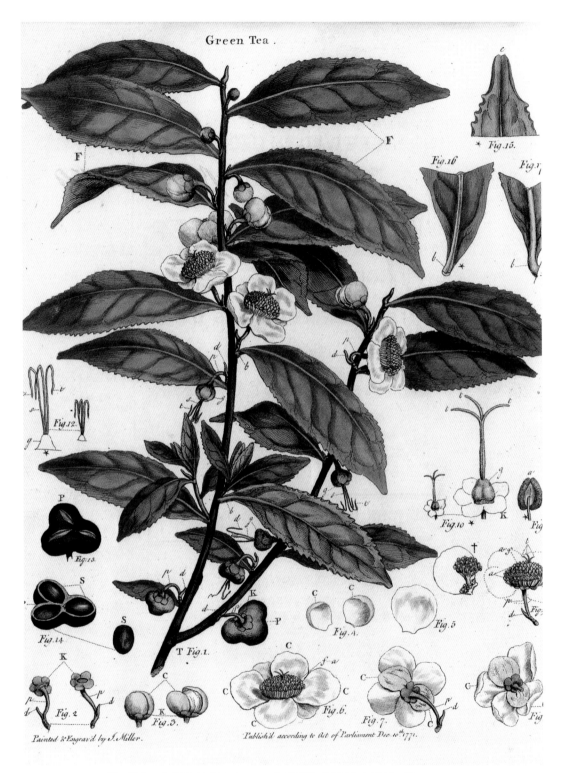

茶，引自 J.C. 莱特森（J.C. Lettsom）所著的《茶树的自然史》（*The Natural History of the Tea-tree*），1799 年

正是在这种紧张的政治局势下，伦敦园艺协会决定派遣一位植物采集家——他除了一根防身的大棍子和一些介绍信外别无他物。罗伯特·福钧当时 30 岁，在该协会的奇西克花园负责温室管理，他是一名出身卑微且受教育程度不高的苏格兰人，但他给该协会的发起者、著名植物学家约翰·林德利和该协会的中国问题专家约翰·里夫斯留下了深刻的印象。他们开出的报酬微不足道——年薪只有 100 英镑，福钧在努力争取下才获得了枪支（其后来的经历也证明了枪支在打击海盗方面的价值）。但该协会列出的清单很长。除了"英国尚未种植的种子和具有观赏性或有用的植物"，福钧还被要求"获得有关中国园

艺和农业的信息，以及气候的性质及其对植被的明显影响"。他要特别注意那些特大号的"皇帝花园里的超大北京桃子"、重瓣的黄色玫瑰、"不同品质的茶树"、"用于制造宣纸的植物"和"各个种类的竹子及其用途"。清单上还有一些当时尚未发现或不存在的东西，比如纯蓝色的牡丹和黄色的茶花；一些听起来不应该存在但实际上存在的东西，比如形似一只手的佛手柑以及"煮熟了能当栗子吃"的百合。

福钧没有被吓倒，他急切地前往中国，到达时正好赶上台风季节。在一艘开往厦门的轮船上，一条 14 千克重的鱼从他头顶上的天窗砸下来，险些砸中他的脑袋。他搭乘的第二艘船在海浪中无助地颠簸了 3 天才艰难抵达港口，他在广州收集的

沃尔特·米勒（Walter Müller）绘制的茶花的彩色图版，引自 F.E. 科勒（F.E. Köhler）所著的《科勒药用植物》（*Köhler's Medizinal-Pflanzen*），1887 年

两箱植物都被遗失在船上。当他们最终到达岸边时，他和他的仆人遭到了持刀袭击和抢劫。尽管如此，他还是安全抵达了上海，而且收获颇丰——他是第一批进入上海的欧洲人之一。与繁华的宁波（宁波拥有优雅的花园和资源充足的苗圃）相比，上海当时仍然是一个简陋的小镇，但上海周边地区已成为牡丹的种植中心，因此他在返航前获得了许多牡丹的新品种，将第一批货物托运寄回了英国。这些牡丹"像往常一样被种植在沃德箱里"：福钧是第一个经常使用沃德箱的人。为了安全起见，他把货物分别安放在了 4 艘在海湾里能找到的最大的船上。

从这以后，福钧决定把精力集中在更靠北的通商口岸上，因为中国南方的植物已经被此前的植物学家"洗劫"过了。但作为一个外国人，对他开放的只有他可以在一天内骑车往返的区域——大约 50 千米的距离。如果宁波的植物就已经如此丰富了，那么在传说中的花园城市苏州岂不是能找到更多的植物，据说那里是全中国最美丽的花和女子的故乡——事实真是如此吗？于是，福钧伪装成一个身材异常高大的中国人，穿着当地的服装，前面的头发剃光，后面扎着浓密的假辫子。就这样，福钧开始了他艰险的江河之旅，于 1844

Fitch del et lith.   R.B.& R. imp

荷包牡丹（*Lamprocapnos spectabilis*，异名 *Dicentra spect-abilis*），沃尔特·胡德·菲奇所绘，选自《柯蒂斯植物学杂志》，1849 年

由未知的中国艺术家创作的金钱松，来自罗伯特·福钧的收藏，保存于邱园，
1850—1860 年

茶

年 6 月抵达苏州。他给自己起了个别名叫"幸华",意思是"幸运花"。虽然苗圃的数量比他希望的要少,但福钧还是带回来了一种新的重瓣黄玫瑰、一种白色紫藤花和一种"开得像茶花一样大白色花朵"的栀子花。回到上海后,他发现在老城墙边的墓丘周围飘扬着一种优雅的秋牡丹(*Anemone hupehensis* var. *japonica*)——现在是欧洲花园的常客。

福钧在伦敦园艺协会度过了极为成功但艰难而又危险的一年后,非常客气地写信请求加薪。奇西克的绅士们无疑都拥有私人收入,他们不会容忍这些:

> ……对你来说,完成任务的金钱回报仅仅应该是次要的考虑因素。作为协会派往中国的代理人,你得到了许多人无法获得的引荐和便利;通过你为协会服务所付出的辛勤劳动,你将获得以任何其他方式都很难获得的荣誉和地位……

虽然涨薪的请求遭到冷落,还遭遇了疟疾、抢劫并两次卷入与海盗的枪战,但他继续孜孜不倦地采集植物,按协会要求对盆景、吊钟花、竹子、宣纸和茶叶进行了研究,寄回了数百株植物,并于 1845 年 12 月带着另外 18 箱他最珍视的植物回到了英国。他最引以为豪的植物是漂亮的金钱松。他还引进了一些新颖的食品,如白菜、金橘和苋菜,并第一个发现了中华猕猴桃(*Actinidia chinensis*,后来由 E.H. 威尔逊引入英国,即广为人知的奇异果),以及一种类似油菜的芸薹属植物。

福钧的游记《华北诸省漫记》(*Three Years' Wanderings in the Northern Provinces of China*)大获成功,他被任命为切尔西药用植物园的园长,为垂死的机构注入新的生命力。但到了 1848 年,他又前往中国,这一次受雇于英国东印度公司,东印度公司将他的工资提高了 5 倍。他的任务是获取一批茶树种子和幼苗,招募一批传授茶树栽培方法和茶叶加工的熟练工人,打造印度新茶叶产业的核心。

这一冒险行为被描述为商业间谍的盗窃行为,福钧被谴责为间谍、骗子和小偷。正如他的传记作者阿利斯泰尔·瓦特（Alistair Watt）所指出的那样，如果没有中国茶农和商人的合作，他几乎不可能将 2 万多颗种子和幼苗连同 9 名熟练工人一起带出中国。但考察了出产最优质的红茶和绿茶的地区后，福钧不得不在合适的季节从气候条件不同的一系列地区收取种子，在一个装运点收集种子，并成功地将它们运送到加尔各答的植物园进行栽培。他必须研究茶树的种植和茶叶的加工技术。他是第一个意识到红茶和绿茶并不像西方认为的那样是由不同的植物制成的，而是来自相同的物种——茶树，二者出现差别的原因在于茶叶干燥的方式不同。在了解了这一点后，他就不得不安排精通这两种方法的茶工带着他们的所有设备前往印度，工作年限为 3 年，并预付他们 4 个月的工资。由于身处一个陷入动乱的国家，福钧在各地旅行时把自己伪装成一名来自"长城以外"省份的官僚，这样谨慎的做法确有必要，因为动乱至少在一定程度上是因为清朝在与英国对战中失败而引起的。

还应该记住的是，福钧并不是将茶引入印度的第一人。早在 1774 年，加尔各答就已经进行了试验种植，而在 1836 年，殖民地新成立的茶叶委员会中的秘书乔治·詹姆斯·戈登（George James Gordon）获得了大量寄售树苗，从中成功地繁育出了大约 4 万株植物。大概在 1823 年，人们在印度的阿萨姆邦发现了另一种茶的变种——普洱茶（*C. sinensis* var. *assamica*），与中国茶不同的是，正是这一变种后来在印度得到广泛种植，保障了大英帝国的茶叶供给。

在前往印度查看茶种长势如何之前，福钧还成功地进行了两次植物采集之旅。他于 1852 年回到中国，进一步丰富了他的植物采集品种，特别是为印度的试验性茶厂招募了 17 名一流的红茶制作工人。他对英国东印度公司的许多茶园的管理感到失望，这些茶园位于印度西北部，选址不当，通常位于太潮湿或夏季干旱的土地上，或者茶树被过度采摘。在这些地区，一些上好的芳香绿茶仍然是用产自中国的茶叶生产的，但英国人和澳大利亚人喜欢饮用浓郁的红茶并搭配牛奶和糖，此时最好的选择还是阿萨姆红茶——至今仍是如此。

1858—1859 年，福钧曾短暂地回到中国，为美国政府采集茶树种子——美国政府试图在南方各州建立制茶产业，但这一进程被美国内战打断了。他的最后一次旅行是在 1860—1861 年。第二次鸦片战争的爆发使中国局势变得很危险（英国人在 1860 年 10 月摧毁了皇家园林圆明园），他转而前往日本，在那里他发现了各种木樨属（*Osmanthus*）植物、报春花、纯色的青木（*Aucuba japonica*）雄株（英国花园里已经有一个杂色的克隆雌株）和狭叶玉簪（*Hosta fortunei*）——现在被认为是日本的一个古老品种而不是一个新物种。

战事平息后，福钧于 1861 年重返中国，最终抵达北京。虽然他在植物方面没有什么新发现，但在昆虫方面的探索取得了一些进展（有 21 种昆虫以他的名字命名）。他还成了中国艺术品和古董的鉴赏家，当他的采集生涯结束后，这些能为他带来一份丰厚的收入。他去世时是一个相对富裕的人——这对于一个植物猎人来说是不寻常的。在英国的花园里，他留下了数不清的财富——共引进了约 280 个物种。适应较暖气候的物种得以在澳大利亚茁壮成长，而较为寒冷的英国花园则引进了三种十大功劳、两种连翘，还有诸如迎春花（*Jasminum nudiflorum*）、荷包牡丹、粉团（*Viburnum plicatum* 'Sterile'）、郁香忍冬（*Lonicera fragrantissima*）和络石（*Trachelospermum jasminoides*）等园艺中坚力量。

华贵璎珞木

——缅甸的骄傲

学名：华贵璎珞木（*Amherstia nobilis*）
植物学家：约翰·克劳弗德（John Crawfurd），纳撒尼尔·沃利克
地点：缅甸
年代：1826 年

1826 年 4 月，苏格兰外交官约翰·克劳弗德在第一次英缅战争结束后作为特使被派往缅甸，当他沿着萨尔温江逆流而上时，他注意到一个拐弯处形成了一个奇怪的圆锥形山丘。人们把石灰岩洞穴穿透，专门用来供奉佛祖。数百尊雕像挤满了最大的洞穴，每座雕像上都装饰着一把把鲜花。洞穴周围是一个破败的寺庙花园，他在这里发现了一种美丽的开花树木——一棵大约 6.1 米高的树，修长下垂的圆锥花序上开满了天竺葵色的花朵。花朵非常漂亮，即使是植物学门外汉也无法忽视。4 个月后，当克劳弗德向他的朋友、加尔各答国家植物园园长纳撒尼尔·沃利克展示他采集的干花时，这位植物学家几乎无法抑制自己的兴奋：他表示这种树隶属于豆科，但应该是一个全新的属。

次年，沃利克回到缅甸搜寻这棵树，发现了两株栽培的个体，它们都有"下垂的开满巨大朱红色花朵的总状花序，十分漂亮，在整个东印度植物区系中都是无与伦比的存在，我想，在世界上任何其他的地方都没有比它更华丽和优雅的植物了"。（没有发现这种树的野外个体。）沃利克将它命名为华贵璎珞木，以表达对印度总督夫人——阿默斯特伯爵夫人（Countess of Amherst）——和她的女儿萨拉·阿默斯特（Sarah Amherst）的敬意。这两位女士都是热情的植物学家，成功地栽培了白色花型的绣球藤（*Clematis montana*）。

沃利克因病而早早结束了在缅甸的探险，在英国休养的 3 年时间里，他出版了一本开创性的三卷本《亚洲珍稀植物》（*Plantae Asiaticae Rariore*，1830—

印度艺术家维什努·普拉萨德（Vishnu Persaud）绘制的华贵璎珞木，引自
沃利克《亚洲珍稀植物》

1832 年），介绍了印度次大陆的植物。在 19 世纪 20 年代，他和他的助手为加尔各答标本馆收集了近 1 万种不同的物种，这本书中介绍了各种新的奇妙发现。华贵璎珞木巨大的深红色花序引起了轰动；在欧洲收藏家中，疯狂的德文郡公爵（Duke Of Devonshire）不顾一切地想要得到它。但这说起来容易做起来难。沃利克设法在加尔各答成功栽培了华贵璎珞木，但他送回欧洲的树苗没有一棵存活下来。因此公爵和他的园丁——全能的约瑟夫·帕克斯顿（Joseph Paxton）——酝酿了一项计划，派出他们自己的采集家前往缅甸。

被选中执行这项任务的人是 20 岁的约翰·吉布森（John Gibson），他是公爵位于德比郡的查茨沃思（Chatsworth）庄园中的一名园丁，此前从未离开过英格兰北部。他为这项任务做了精心的准备，并得到了帕克斯顿和约翰·林德利的指导，后者为当时公认的顶尖植物学家，同时还得到了洛迪日苗圃——这是一家专门经营引进外来生物的苗圃，利用沃德箱的新技术在植物进口上取得了相当大的成功——的技术支持。1836 年 3 月，吉布森在酷热的雨季来到加尔各答，带着送给植物园的礼物与沃利克会面。

沃利克以脾气暴躁闻名，其职业生涯的大部分时间都在与植物学上的敌人战斗，但他似乎很同情这位状态糟糕的困惑的年轻人。他向吉布森保证，他会把吉布森送到卡西山区的乞拉朋齐，虽然那里可能是地球上最潮湿的地方，但他肯定会在那里找到他的主人想要的除了华贵璎珞木外的所有兰花。如果吉布森没能亲自在缅甸找到那棵树，加尔各答还有几棵备用树苗可以用：吉布森可以为公爵摘一棵，还能为植物园的所有者——英国东印度公司的董事们——摘一棵。

在几个月的疯狂采集之后，吉布森满载着兰花起航前往英格兰，并将沃利克的两株装在沃德箱里的珍贵树苗安放在甲板上。然后灾难降临了：给公爵准备的那一株树苗枯萎死亡了。听到这个消息，公爵悲恸欲绝，立即给英国东印度公司寄去了一封绝望的信，乞求得到剩下的树苗。他写道："请相信，在英国没有哪个园丁能像帕克斯顿先生那样成功地培育和繁殖它。"他的信心放错了地方。即使是帕克斯顿的神奇"绿手指"也无法让它开花，这株乞求得来的植物最终也死了，与 1846 年被送往邱园、诺森伯兰公爵的锡永宫苗圃和伦敦园艺协会的三株树苗命运相同。最终是一位女士的耐心照料使得华贵璎珞木在英国开了花：1849 年 4 月，令人敬佩的路易莎·劳伦斯（Louisa Lawrence）——她是一位富有的服装商人的女儿——因其园艺技能而广受赞誉，她使一棵仅 3.4 米高的树苗开出了至少两个华丽的花序，让其他贵族的竞争对手们面上无光。她将第一株花赠送给维多利亚女王——这是最合适不过的了，第二株赠送给邱园，用于在《柯蒂斯植物学杂志》上绘制插图，同时还详细介绍了她所采用的复杂栽培技术。这棵小树继续为劳伦斯夫人开花，直到 1854 年，也就是她去世的前一年，这棵小树被挖出来，并转移到了邱园。在这里，它给予了勇敢的植物画家玛丽安娜·诺斯灵感："这是第一朵在英格兰盛开的花，让我越来越想去看热带地区。"3 年后，它被转移到棕榈温室，在那里它很快就死了。令人高兴的是，另一位女性，伦敦德里郡的侯爵夫人在一座"专门为接待华贵璎珞木而建造的新温室"里使"英格兰最稀有的植物"开花了，这一事件也轰动一时，1857 年 4 月的《伦敦新闻画报》（*Illustrated London News*）还专门对此事进行了报道。

与此同时，在加尔各答，沃利克稀有而美丽的华贵璎珞木所在的植物园已经成为一个旅游景点。这让沃利克很高兴，他很高兴地欢迎游客的到访，但这完全不是建设植物园的初衷。

在 19 世纪，加尔各答国家植物园成为所有殖民地植物园中最出色的一个，它本身就是一个重要的科学机构。但 1786 年罗伯特·基德（Robert Kyd）中校建立加尔各答国家植物园时，它的目的不是促进植物学发展，而是让孟加拉地区的人民摆脱"所有灾难中最大的灾难——饥荒导致的饿殍满地"。（据估计，1770 年的孟加拉大饥荒使当地人口锐减三分之一。）基德提议："一个植物园，不是为了收集稀有植物（尽管它们也有它们的用途）以满足纯粹的好奇心或提供奢侈的物品，而是为传播那些可能对人类以及大英帝国人民有益的植物建立一些储备，这些植物最终有可能利于国家商业的扩张和财富的积累。"

他建议试验其他地区的主食作物，如椰枣、西米和面包果，以及桃子、梨、荔枝和山竹等营养丰富的新水果。他还想种植用于造船的柚木——很明

玛丽安娜·诺斯于 1876 年在新加坡绘制的缅甸无忧花的叶和花。正是因为看到了华贵璎珞木，玛丽安娜·诺斯才来到了热带地区

显，硬木供不应求。

英国东印度公司在 1857 年印度民族大起义之前一直是事实上的印度统治者，该公司将基德的提议交给了其非官方顾问约瑟夫·班克斯爵士，班克斯热情地回应说，设想"建立一个殖民植物园网络，作为植物狩猎基地，并作为作物的试验花园……这很可能会促进殖民经济的发展"。长期以来，植物园都是出于对科学的好奇心而交换植物——现在，他们可能会以系统方式进行，从类似的气候区域引进植物，这可能会让当地居民和整个大英帝国受益。欧洲及其殖民地的大部分财富来自植物，早在 1694 年，荷兰人就在开普敦建立了一个自己的植物园，以方便植物在全球各地流通。英国东印度公司也许看到了商业上的好处——有了廉价劳动力，印度可能会成为原材料、药品，甚至是肉豆蔻、肉桂和丁香等利润丰厚的香料的主要供应国。还有一个政治上的必要性：该公司因加剧饥荒而受到批评，可以将基德的人道主义项目作为其开明统治的证据。

基德于 1793 年去世，他的继任者是威廉·罗克斯伯勒（William Roxburgh），与基德不同的是，他是一名训练有素的植物学家。在马德拉斯（金奈的旧称）的一个小型植物园里，他已经成功地引进了咖啡、肉桂、肉豆蔻、胡椒、桑树和面包树。在一年内，他将柚木、大麻、靛蓝、咖啡和烟草的种子分发到印度的不同地区，而班克斯则敦促其进一步试验甘蔗、香草和可可。在种植椰子等香料和食用植物的同时，罗克斯伯勒将植物园引向了更科学的方向，到他退休时，花园里有 3 500 种植物，而他接手时仅有 300 种。在 30 多年的时间里，他编撰了大量的印度植物名录，在他死后作为《印度植物志》（*Flora Indica*，1820—1830 年）出版。在植物园里，他留下了不少于 2 542 种植物的实物大小的彩绘图：这一壮观的遗产现在保存在邱园中。他是最早与当地艺术家合作的西方植物学家之一，他十分认可印度画师的精湛技能，并将其重新运用于追求植物学的准确性。他的继任者纳撒尼尔·沃利克紧随其后：《亚洲珍稀植物》的彩色图版主要是两位印度艺术家——他们分别是维什努·普拉萨德和戈拉昌德（Gorachand）——的作品，这些图均在加尔各答国家植物园完成。

沃利克是罗克斯伯勒最引以为豪的发现——沃利克原是一位丹麦外科医

生，1808 年英国人占领塞兰坡（Serampore，今译塞兰布尔）时他被俘虏了，但他很快就在植物园里发挥了作用。他于 1815 年接替罗克斯伯勒，在植物园尽心竭力地服务了 30 年，在尼泊尔、印度次大陆西部和新加坡进行植物采集（将其中一些物种添加到罗克斯伯勒的《印度植物志》中），与欧洲和北美的其他机构分享他采集的大量植物标本，并努力在印度发展新的商业作物种植，特别是金鸡纳树和茶树。数以千计的新植物被成功地从植物园分发到印度国内和更远的地方：第一批树形杜鹃（*R. arboreum*）的种子就是被装在红糖罐头里运到了欧洲。沃利克还不懈地反对掠夺式开采印度森林以获取硬木的做法，呼吁英国东印度公司进行可持续的林业采伐，并为英国国有柚木种植园和生长更快的替代木材印度黄檀（*Dalbergia sissoo*）的栽培提供资金，但英国东印度公司无一采纳。

1842 年，沃利克再次病倒，被迫告病离开加尔各答。当他的学术上的死敌威廉·格里菲斯（William Griffith）被任命为代理园长时，他感到十分震惊。格里菲斯是一位激进的年轻植物学家，认为沃利克已经过时了。沃利克的担心是有道理的：他回来后发现他那片郁郁葱葱的香料树林被砍倒了，花坛被挖了出来，一条苏铁林荫道完全消失了，那曾经是植物园的骄傲之一。格里菲斯认为植物园的科学性不够强，于是着手创建了三个新的示范花园，其中两个展示了不同的植物分类系统，将沃利克仍然青睐的但他认为过时的林奈分类系统与自己信奉的更现代的自然系统进行了对比。第三个花园专门用于种植印度植物，所以华贵璎珞木在大筛选后幸存下来——但由于根部上的土壤现在没有了遮蔽，可怜的它几乎被高温杀死。

沃利克再也没有从打击中恢复过来。他争取了很长时间才拿到养老金，然后退休回到了英国。1864 年，也就是他去世 10 年后，一场龙卷风席卷加尔各答，巨浪裹挟着两艘船冲进了植物园。虽然遭到了进一步的破坏，但这座植物园在 19 世纪末恢复了元气，成为继邱园之后的又一座顶级植物园。华贵璎珞木仍然是植物园最引以为豪的展品之一，直到今天仍是如此。

在罗克斯伯勒的画作中，旅人蕉（*Ravenala madagascariensis*, 当时名为 *Urania speciosa*）是一种优雅的乔木。加尔各答国家植物园将三棵旅人蕉种植在不同的土壤和环境中。罗克斯伯勒指出，种植在最潮湿地区的那棵树生长得最好，而且是第一个开花的。威廉·罗克斯伯勒收藏，保存于邱园，1800 年

杜鹃花

——从喜马拉雅山到收藏热潮

学名：多裂杜鹃（*Rhododendron hodgsonii*）

植物学家：约瑟夫·道尔顿·胡克爵士

地点：喜马拉雅山

年代：1849 年

1871 年，英国园林作家雪莉·希伯德（Shirley Hibberd）感叹道："这个国家花在杜鹃花上的钱，几乎足以偿还国债。"园艺一直是一项竞争激烈的事业，对于维多利亚时代的工业大亨（相当于今天科技行业的亿万富翁）来说，杜鹃花是完美的植物。它开花量大，花朵色彩鲜艳，大小足以让人远远地欣赏到。花期稍纵即逝的事实并不是问题——当时的花园还不需要一年四季都提供具有观赏性的花朵，此外，这种开花的灌木也是时髦的常绿植物。最重要的是，高昂的价格，连同这种源自喜马拉雅雪域高原的新奇植物增添的异国情调，提升了所有种植它的人的地位。在短短几年内，杜鹃花就像超级富豪的游乐场一样受到郊区拥有灌木丛的新兴中产阶级家庭的追捧。

杜鹃花狂热从 19 世纪 50 年代席卷北欧，不久之后席卷北美（尽管其中有些国家也有非常好的杜鹃花），这一切的发端可能要归因于约瑟夫·道尔顿·胡克爵士，他在 1848—1951 年对印度北部和喜马拉雅山脉进行了近 4 年的旅行考察，引入了 43 种杜鹃，其中有 25 种是科学上新发现的，主要来自锡金王国。这些植物成功地适应了随后的每一种园林风尚。它们被种植在"美国"园中，这里起初是为了展示巴特拉姆的植物引种，然后以更正式的单株或分组布局移植到草坪上。胡克在 1854 年发表了他的游记后，植物园开始融入"喜马拉雅丛林"风格，甚至在资金允许的情况下，还原出整个山谷的样貌。到了 19 世纪末，一种回归自然主义风格的运动催生了林地园林，各种各样的杜鹃花大放异

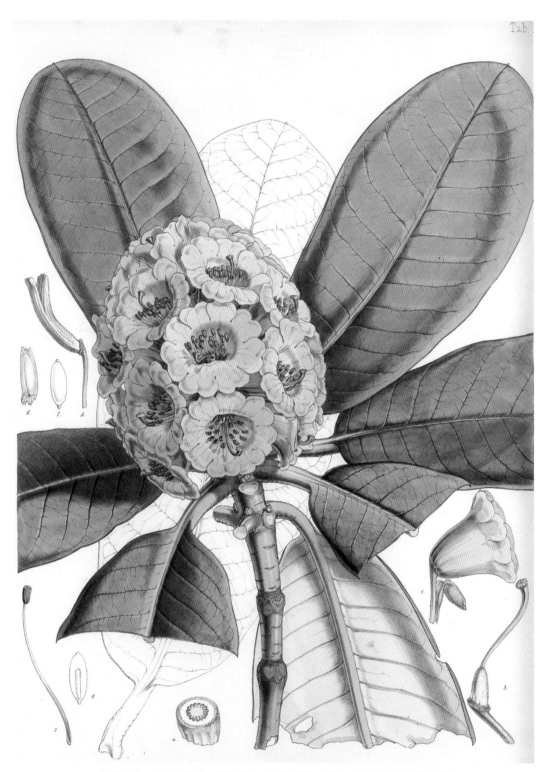

多裂杜鹃，引自约瑟夫·道尔顿·胡克的著作《锡金–喜马拉雅山区的杜鹃花》（*Rhododendrons of the Sikkim-Himalaya*），1849—1851 年

Tab. I.

RHODODENDRON DALHOUSIÆ, Hook. fil.

(in its native locality)

长药杜鹃（*Rhododendron dalhousieae*），引自约瑟夫·道尔顿·胡克的著作《锡金-喜马拉雅山区的杜鹃花》

彩，提供了种类繁多的五颜六色的林下植物。

1848 年，胡克在启程前往印度时已经是一名经验丰富的探险家了。年仅 22 岁的他加入了詹姆斯·克拉克·罗斯船长（James Clark Ross）的探险队，在"埃里伯斯号"（*Erebus*）航船上担任助理外科医生并作为植物学家，寻找地磁南极。在 4 年多的时间里，他们一边尽可能地绘制南方大陆的地图，一边驱船穿过厚厚的冰层，发现未知的海洋和山脉，冒着浓烟的火山和难以穿越的冰崖，胡克在任何他能登陆的地方收集动植物，从新西兰到马尔维纳斯群岛，再到火地岛。当他坐在亚南极群岛某个岛屿上的植物上时（这是将其解冻到足以从冰冻的土壤中取出来的最好方法），他开始思考一些问题，就像洪堡在他之前所提出的那样，植物是如何生长到现在所在的地方的。

这是胡克在接下来的 40 年里不知疲倦地与他最亲密的朋友查尔斯·达尔文辩论的一个话题。胡克回来后不久，达尔文找到他，让他鉴定随"贝格尔号"（*Beagle*）航行时采集的植物。达尔文在 1844 年写给胡克的一封信中首次公开了他的想法，即物种不是"永恒不变"的——这在当时被视作一种异端邪说，感觉就像是"承认谋杀"，当达尔文为他的自然选择进化论搜集证据时，两人继续保持联系。1858 年 6 月，达尔文收到艾尔弗雷德·拉塞尔·华莱士（Alfred Russel Walace）的一封信，信中概述了一个与他自己的理论几乎相同的理论。胡克和查尔斯·赖尔（Charles Lyell）确保他们的论文可以在林奈学会同时被审阅。1860 年 6 月 30 日，在牛津大学博物馆举行的具有历史意义的"进化论辩论"上，胡克为达尔文辩护，他是第一批在他的《塔斯马尼亚植物志》中支持达尔文理论的人之一（尽管他保留了部分意见）。因此，胡克出发去印度时带着一份长长的清单，要为他的朋友寻找地质学、动物和植物的各类样品。

这次印度之行是由道尔顿·胡克的父亲威廉·杰克逊·胡克爵士发起的，他在 1841 年被任命为英国皇家植物园的第一位官方园长。就像在他之前的班克斯一样，他决心把邱园变成一个具有全球意义的科学机构。他和他的导师一样善于拉拢官方关系，并且能够获得资金支持，从而得以派他的儿子代表邱园外出采集。时任加尔各答国家植物园园长的休·福尔克纳（Hugh Falconer）以及批准此行的第一海军上尉奥克兰勋爵（Lord Auckland）（道尔顿·胡克仍正式受雇于海军）曾建议将锡金作为目的地——这是一个遥远的喜马拉雅王国，西临尼泊尔，东至不丹，欧洲人都未曾探索过。道尔顿·胡克于 1848 年 4 月抵达喜马拉雅山脚下的大吉岭，在那里他遇到了布赖恩·霍顿·霍奇森（Brian Houghton Hodgson），他是一位具有"文艺复兴时期学者的求知欲"的非凡之人——既是艺术家、鸟类学家、民族志学者和语言学家，还是佛教权威、梵文手稿收藏家，前英国驻尼泊尔外派代表（在那里与他的政治顾问闹翻并辞职）。他已经隐居到离大吉岭不远的一座平房里，可以看到当时被认为是世界最高峰的干城章嘉峰的壮观景色。为了让道尔顿·胡克高兴，霍奇森邀请他来到大吉岭，并慷慨地分享他的知识。许多杜鹃花，如长药杜鹃和棕色树形杜鹃（*R. campbelliae*，现名为 *Rhododendron arboreum* var. *cinnamomeum*），都是胡克很有骑士风度地以旅行中为他提供帮助的官员的妻子们的名字命名的。但对于多裂杜鹃，胡克觉得这是锡金山谷中最具特色的木本植物，以霍奇森的名字命名是对这位"优秀的朋友和慷慨的主人"的一种真正的尊重。胡克还称赞霍奇森的学术成就"出类拔萃"。在 1849—1851 年出版的三卷本的《锡金–喜马拉雅山区的杜鹃花》中，他描述了杜鹃"壮观"的超大树叶，"以其鲜艳的深绿色色调而引人注目"，以及其"木质的坚韧和不屈的本性"。他指出，它的木材可以用来制作杯子、调羹、汤勺和牦牛鞍子，而树叶则可以用作"托盘"和食物容器："黄油或奶酪等制品通常都是用这种光滑的树叶包起来的。"

　　进入锡金绝非易事。锡金的政治代表阿奇博尔德·坎贝尔（Archibald Campbell，坎贝尔后来也成了胡克亲密的朋友）最终设法为胡克一行人获得了许可，让他探索尼泊尔东北部的中国西藏地区，然后取道锡金返回。这次旅行为邱园采集的标本足足动用了 80 个搬运工（尽管通过加尔各答运输幸存下来的相对较少）。直到 1849 年 5 月，胡克才开始了一次更长时间的探险。锡金的王公担心惹恼北方统治西藏的强大邻国中国，胡克不是大卫·道格拉斯那样的做派，后者可能会小心翼翼地溜进中国。但胡克的随行人员超过 50 人，包括登山者、枪手、搬运工和警卫。最关键的是，每天晚上，令人信赖的雷布查人能

杜鹃花

在 1 小时内建造起一座配有"桌子和床架"的"防水小屋"，在那里他可以一边喝着雪利酒，一边舒服地回顾一天的发现。在英国驻印度总督的压力下，锡金的王公不情愿地让步，这引起了锡金的首席部长和实际统治者的极大不满，他们给胡克的旅程设置了各种障碍。村民们得到指示，拒绝向其提供食物和住宿，拆除重要河流渡口的桥梁，并尽其所能让胡克不进入西藏。胡克一行人还要与喜马拉雅山脉的各种自然灾害进行抗争——在山间几乎不间断地上上下下，绕过可怕深渊边上的宛如刀刃般狭窄的小路，度过寒冷的夜晚并忍受炫目的大雪。胡克有严重的高原反应，强忍着"几个小时都不会缓解的头痛"，但这并没有阻止他攀登海拔 5 880 米高的东基亚山（Donkia mountain）——这是当时欧洲人攀登过的最高峰。在雨季旅行时，他总是浑身湿透，每天都笼罩在云雾中，每晚都会从皮肤上拔下 100 多条水蛭。

10 月，坎贝尔在锡金与胡克会合，当坎贝尔与一支边境巡逻队谈判时，胡克趁警卫不注意疾驰而去，疯狂地冲进了西藏地界，这场冒险让他终生难忘。然而，这次入侵使锡金政府获得了逮捕和折磨坎贝尔所需的弹药，虽然胡克没有被正式拘留，但坎贝尔和他的朋友一起被监禁了几个星期。当英国将军队转移到锡金边境并威胁入侵时，这两人被仓促释放，几个月后锡金的一部分被英国吞并。相比于政治后果，胡克更关心的是失去了如此多的标本。他绘制的锡金地图被军事当局用来夺取新的领土，后来，这块土地被种植上了金鸡纳树和茶树。

胡克在印度的最后一次探险是在他的老朋友托马斯·汤姆森（Thomas Thomson）的陪伴下去了阿萨姆邦的卡西山（Khasi Hills），他以汤姆森的名字命名了半圆叶杜鹃（R. thomsonii）。后来，他们合作（并发生争执）完成了《英属印度植物志》（Flora of British India）。在这里，他们沮丧地看着采集者们扫荡森林，数百个篮子里都装满了各种兰花。

胡克于 1851 年 1 月离开印度。他的父亲对他的采集成果并不完全满意，但正如胡克不耐烦地指出的那样，找到这些东西是一回事，把它们活生生地采回来又是另一回事。"如果你穿过三四米高的杜鹃花灌木丛之后，"他抱怨道，"小腿和我的一样撞得瘀青，你就会和我一样讨厌这些绚丽的景象了。"让他兴奋的是，在5 790米的高度，他发现了曾在南极海平面高度上看到的同样的地衣。他注意到，当他在完全不同的气候带之间旅行时，能看到植被组成变化得极为迅速——有时只需一天多一点的时间。他完全被观察到的景象迷住了："在向北旅行时，你会发现属取代了属，自然秩序取代了自然秩序。在向东或向西旅行时（例如沿着山脊向西北或东南方向），你会发现物种的更替，不管是动物还是植物都是如此。"

他的父亲已经着手组织出版《锡金-喜马拉雅山区的杜鹃花》，并由沃尔特·胡德·菲奇根据胡克的野外素描绘制了华丽插图。1854年，胡克出版了一本畅销书《喜马拉雅日记》（*Himalayan Journals*）。第二年，他的父亲帮他在邱园找到了一份助理园长的工作，10年后，他自己成了园长。在他的领导下，邱园成为约瑟夫·班克斯想象中的帝国研究中心和植物学动力源，通过植物园网络将重要的经济作物转移到世界各地。胡克的功绩包括：指导了金鸡纳树向印度和锡兰的转移，并从巴西获得了7万粒橡胶树的种子。这些种子在邱园发了芽，幼苗被送往锡兰和新加坡，最终仅存的22株幼苗构成了马来西亚橡胶工业的基础。

胡克成为英国植物学界的元老级人物，他和乔治·本瑟姆（George Bentham）一起合作了25年，共同出版了《植物属志》（*Genera Plantarum*），这是一个描述所有种子植物属的了不起的尝试。他被封为爵士，又被任命为英国皇家学会主席（班克斯之后的第一个植物学家），并在斯科特的南极之旅中担任顾问。他在晚年研究凤仙花属（凤仙花科），但人们永远不会忘记他在杜鹃研究上做出的贡献。

1848年，当胡克到达印度时，那里只栽培了33种杜鹃，其中包括广受欢迎的黑海杜鹃（*R. ponticum*），作为猎物的隐藏处，它深受喜好打猎的地主们的喜爱，还有少量的美洲品种和由沃利克于1827年引进的红花色的树形杜鹃。时至今日，全世界已有超过2万种获得命名的变种。邱园的一个山谷被改造成了"杜鹃花谷"，以展示胡克的植物珍品中较耐寒的品种。如今它们仍然在那里繁荣生长。

Tab. XII.

J.D.H. del. Fitch lith.

Reeve, Benham, & Reeve, imp.

半圆叶杜鹃，引自 J.D. 胡克的《锡金–喜马拉雅山区的杜鹃花》

珙桐

——挥舞幽灵手帕的鸽子树

学名：珙桐（*Davidia involucrata*）

植物学家：奥古斯丁·亨利，E.H.威尔逊

地点：中国西部

年代：1888 年 / 1900 年

奥古斯丁·亨利（中文名：韩尔礼）博士的工作无聊得发狂。他是一名年轻的爱尔兰医生和清朝海关的一名小官员，于 1881 年来到中国，被上级派驻到一个偏远的小镇——湖北宜昌，距离上海港口沿长江足有约 1 609 千米，事实证明，他的工作职责也特别无聊。虽然海关名义上是清政府的一个分支机构（成立于 1854 年，负责管理处于外国控制下的通商口岸），但它实际上是由英国人管理的，其官员一般是从英国公立学校招募的。为了从没完没了的网球和牌局中转移注意力，亨利将兴趣转向了博物学。他研究了他的中国邻居使用的药用植物，并对他所在的地区未被探索过的植物区系越来越感兴趣。到 1885 年，他已经把所有的业余时间都花在了植物学上，两次深入山区采集植物，并鼓起勇气给邱园园长约瑟夫·道尔顿·胡克爵士写信。他承认自己对植物学知之甚少，但如果能派上用场，他愿意寄去一些标本。此外，这也是寄信和收信的好借口，"这是唯一能使背井离乡的人在沮丧时振作起来的健康的刺激……是我们仅有的欢乐时刻"。

这是一段硕果累累的关系的起点：在接下来的 15 年里，亨利送出了约 15.8 万份标本，有 6 000 个物种，其中近 2 000 个被证明是科学上的新发现。其中有一种是他在 1888 年 5 月发现的一株不知名的看上去孤零零的树，盛开着灿烂的花朵，"仿佛挥舞着无数的幽灵手帕"。秋天到了，他又从"手帕树"（珙桐，也被称为"鸽子树"或"幽灵树"）上摘了一些胡桃大小的绿色硬果，然后把包裹寄回了邱园，植物标本室的管理员丹尼尔·奥利弗（Daniel Oliver）负责查

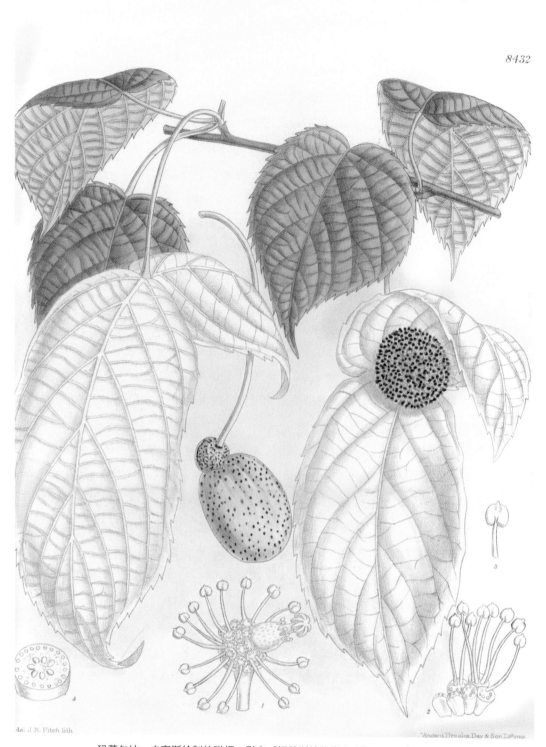

8432

玛蒂尔达·史密斯绘制的珙桐，引自《柯蒂斯植物学杂志》，1912 年

看，越看就越激动。奥利弗将其鉴定为珙桐属（*Davidia*），这是法国传教士谭卫道（Père Armand David）在 1869 年发现的一个新属，但与亨利的标本相距近千里。奥利弗写道："这值得专门前往中国西部，以把它引入欧洲园林。"尽管有这样的赞美，但他已经获得的种子要么没有被播种，要么没有发芽。

亨利深受奥利弗的鼓舞，随后给威廉·西塞尔顿·戴尔（William Thiselton Dyer，胡克在邱园的继任者）写信道："中国植物品种多样且美丽非凡，而且更适合欧洲的气候，因此应该尽量派出一个小探险队……"亨利坚持认为，这项工作需要一位受过良好训练的植物学家，但他不是，这个植物学家最好还要有已经明确的感兴趣的植物，有时间和技能搜集它们的种子并带回英国，而这些他也没有。"现在我明白了，"他悲叹道，"有好几百种有趣的植物，如果我有经验、有天赋或者受过这方面教育的话，我早就应该在我的植物采集过程中注意到它们了。"时间是最宝贵的。随着亨利的工作不断变换，他越来越相信中国丰富的植物资源尚未得到充分开发，同时也十分脆弱：由于不加控制的伐木和烧炭，每天都有数以千计的稀有植物遭到毁灭。在靠近现在的越南边境的地方，他看到整个森林正消失殆尽。

亨利也向哈佛大学阿诺德树木园园长查尔斯·斯普拉格·萨金特（Charles Sprague Sargent）提出了同样的观点。他断言，中国的植物区系是"到目前为止世界上最有趣的植物区系，同时对美国人来说甚至比对欧洲人更有吸引力——因为中国在很多方面，例如它的大山、大河、气候等，似乎都与美国相对应"。萨金特渴望得到种子，在整个 19 世纪 90 年代末，他一直请求亨利亲自带领一支探险队，但亨利拒绝了。亨利想回家，他写道："这似乎很荒谬，但是忍受这样一个孤独、寂寞和单调的地方是很困难的。"

当时他在云南的思茅。（他怀疑他被派到这些偏远的前哨，是因为他的上级知道他对植物学感兴趣。）就在他准备永远离开中国的时候，一位他期待已久的植物采集家出现了。邱园对如何支出这笔费用犹豫不决，于是把这个想法卖给了英国最著名的苗圃老板哈里·维奇（Harry Veitch），他在植物狩猎方面有着辉煌的历史。虽然哈里·维奇认为中国最好的园艺植物已经都被发现了，但他也同意亨利的观点，认为仅珙桐一种就能"值回所有票价"。于是，E.H. 威尔逊，一个曾经在邱园就读的很有前途的学生，原本希望成为一名植物学老师，却发现自己在前往中国的途中被委托了一项詹姆斯·邦德式的秘密任务："本次行程的目的是收集我们所知道的一种植物的种子。这就是目标——不要在其他任何事情上浪费时间、精力或金钱。为了进一步了解这一情况，你将首先努力去拜访住在云南思茅的亨利博士，从他那里获得关于这种特殊植物的精确产地信息，以及关于中国中部地区的总体植物区系的一些信息。"

说起来容易做起来难。1899 年 6 月，威尔逊抵达香港，发现此时香港正遭受鼠疫的肆虐。之后他在险象环生的江河激流中幸存下来，又躲过了彼时正在兴起的义和团运动——这场运动中所有的外国人都成了被憎恨的敌人——足足花了 3 个月的时间才到达思茅，见到了亨利。亨利非常欣赏这位年轻的客人，相信他会做得很好，尽管他一句汉语也不会说，但他"脾气平和，头脑冷静，这是在中国旅行和工作的首要条件"。亨利传授了他所能传授的技巧，尤其是在中国进行植物狩猎最需要的就是时间和耐心，这一点让威尔逊铭记在心。亨利还从他的笔记本上撕下来一张纸，给他画了一幅宜昌附近地区的草图。在这幅实际约有 5 万平方千米的土地的草图上，亨利用铅笔画出十字，标出了那棵树所在的大概位置。

不久，亨利心怀感激地乘船回到了英国，他花了一些时间整理他为邱园采集的标本，然后在林业方面开始了他事业的第二春。与此同时，威尔逊冒险来到了宜昌，开始寻找亨利难以找到的宝藏。令人难以置信的是，1900 年 4 月 25 日，他找到了位于蚂蟥沟的小村庄，那里的村民仍然记得那个好奇的一见到珙桐就欣喜若狂的洋人。当地村民热情地把这位新来的"疯子"领到了准确的地点。威尔逊的心猛地一跳：他看到了一幢漂亮的新木屋，旁边正是亨利发现的那棵珙桐的树桩。他横跨了半个地球来到这里，却一无所获。

接下来该怎么做？他可以选择向西跋涉 1 600 千米到达西藏边境，那里是谭卫道发现第一株珙桐的地点。或者他可以继续寻找——亨利曾确信森林里会有更多的植物个体。与此同时，威尔逊不顾维奇的指示，继续采集，发现了漂

不知名的艺术家绘制的一种猕猴桃（*Actinidia* sp.），来自威廉·克尔的中国
植物收藏，邱园保存，1803—1806 年

亮的血皮槭（*Acer griseum*）、两种铁线莲、小木通（*Clematis armandii*）和红花
绣球藤（*C. montana* var. *rubens*）以及我们今天所知的中华猕猴桃（或美味猕猴
桃）。仅仅 3 周后，在 5 月 19 日，他无意中发现了一株正处盛花期的珙桐；5
月 30 日傍晚，他在借宿的农民小屋里，抬头看到在一处陡峭的斜坡上面生长
着数十棵珙桐，"随着夜幕降临"闪烁着白色光芒。到达那里不是一件容易的
事情，更别提为了拍下美丽雪白的苞片而爬上旁边的树了。"木质……十分脆
弱，知道这一点无法给你带来内心的平静——尤其是当你跨坐在一根大约 4 英

寸（10.16 厘米）粗的树枝上，而身下就是几百英尺¹高的深谷时。但幸运的是，一切都很顺利，我们沉浸在这种非凡的树的美丽之中。"他注意到，这些苞片是成对的，其中一个的长度几乎是另一个的两倍，从红色的球状花序两侧垂下来，当被微风搅动时，它们就像巨大的蝴蝶在树间盘旋。"这些薄薄的、飘动的苞片多到让人眼花缭乱，盛花期时整棵树看起来像是被雪覆盖了，"他总结道，"在我看来，珙桐是北温带植物中最有趣、最美丽的树木。"

1902 年 4 月，当威尔逊带着"手帕树"的种子回到伦敦时，维奇非常高兴地送给他一块金表。然而，他也有一个坏消息：在巴黎的一个植物园里，生长着另一棵珙桐，这是一棵由另一位法国传教士保罗·纪尧姆·法尔热（Paul Guillaume Farges）在 1897 年收集的 37 颗种子培育出来的树。更让威尔逊失望的是，他前一年寄给维奇的种子没有发芽的迹象。维奇的王牌育种家乔治·哈罗（George Harrow）用尽了一切办法，有些种子浸泡过热水，有些浸泡在冷水中，有些被磨过，还有在温室中不同温度下生长的精挑细选的种子，但都无济于事。最终，留在户外直面冬天霜冻的幼苗发挥了重要作用。（珙桐的种子需要长达 18 个月的时间才能发芽，有冷热交替期；即便如此，也只有一小部分能够萌出。）哈罗和威尔逊种植了 1.3 万余株幼苗，其中第一株于 1911 年 5 月开花。

威尔逊于 1902 年 6 月结婚，但 1903 年 1 月又返回了中国，这一次的搜索目标是开黄色花的全缘叶绿绒蒿（Meconopsis integrifolia），在西藏的高山草甸上，他成功地找到了它闪亮的金色花朵，还采集到了它可爱的近亲红花绿绒蒿（M. punicea）。这是一次穿越 2.09 万千米的艰难历险，特别是在危险重重的长江三峡还有一人不幸溺亡，威尔逊将这次探险的成功完全归因于他身边的中国团队的坚定意志和足智多谋："我们最终告别的时候，双方都发自内心地感到遗憾和不舍。他们守信、聪明、可靠，在逆境中仍然十分乐观，总是尽心竭力，没有人能比他们提供更好的服务了。"

1905 年 3 月，威尔逊带着 510 种植物的种子回到伦敦，其中包括粉被灯台报春（Primula pulverulenta）、川西荚蒾（Viburnum davidii）和华西蔷薇（Rosa

1　1 英尺等于 30.48 厘米。——编者注

moyesii），还带回来 2 400 多份标本。他的工作完成得过于出色，以至于让自己失业了。维奇苗圃里现在到处都是异国情调的中国植物，哈里·维奇不再需要威尔逊的服务了。幸运的是，查尔斯·斯普拉格·萨金特等在一旁，威尔逊最后两次对中国的访问（1907—1909 年和 1910—1911 年）都是为阿诺德树木园服务的，不再是出于商业目的，而是纯粹为了科学知识而采集。

然而，威尔逊仍然十分关注潜在畅销的园艺植物。正是这一点吸引他来到四川偏远的岷江河谷寻找他在 1903 年第一次遇到的百合。在这里，生境严酷，大风呼啸，但华丽的岷江百合（*Lilium regale*）生机勃勃，有"成百上千株，甚至成千上万株"，夜晚的空气中弥漫着它的香气，他下决心要让"它在西方世界的花园中优雅绽放"。1908 年，他搜集了球茎，但几乎所有的球茎在到达美国之前都腐烂了。1910 年，他重新去采集，可这次几乎要了他的命。在结束一天的采集、沿着陡峭的羊肠小路返回时，他遭遇了山体滑坡，他努力地跳出抬他的轿子，差点连人带轿掉入江中，还险些被掉落的岩石砸中脑袋，腿部有两处骨折了。他用相机三脚架匆忙地做了一个担架（威尔逊是个娴熟的摄影师，总是雇一个搬运工来搬运他那台巨大的桑德森干版照相机），但 3 天后，当他被送到医院时，伤口已经开始感染了。经过治疗他的腿保住了，但从此以后，他走路就只能一瘸一拐的。

在这之后，威尔逊的任务就比较波澜不惊了，他后来的日本、朝鲜半岛和中国台湾地区之行都有妻子和女儿陪同。日本的园艺标准给他留下了深刻的印象，当他参观久留米市的一个杜鹃花园时，他感到非常兴奋，那里长满了树龄超过一个世纪的优秀品种。这就是"威尔逊 50 种"的来源，这是一个由 51 个而不是 50 个常绿杜鹃品种组成的集合，它们迅速成为装点美国南方各州花园的主要植物。

1919 年，威尔逊被任命为阿诺德树木园的助理园长，但他继续旅行，中途短暂地到访了东南亚、澳大利亚和新西兰。他震惊地目睹了澳大利亚的森林砍伐达到了"狂热"的程度。当萨金特于 1927 年去世时，他接替成为园长，呼吁保护树木和森林，这在现在看来是很有先见之明的做法。但仅仅 3 年后，他也因一场车祸去世了。全世界的园丁们都在哀悼他的去世。威尔逊从中国引进了 1 000 多个新物种，时至今日，任何温带地区的花园都至少有一个甚至多个这样的物种。

科拉尔 · 格斯特（Coral Guest）绘制的岷江百合，来自雪莉 · 舍伍德的收藏，1980 年。© Coral Guest from the Shirley Sherwood Collection

华丽龙胆

——"死而复生"的植物猎人与他的中国行

学名：华丽龙胆（*Gentiana sino-ornata*）
植物学家：乔治·福里斯特
地点：中国云南
年代：1910 年

奥古斯丁·亨利在他孤独的清朝海关岗位上给许多人写过信，其中之一是富有的利物浦棉花经纪人阿瑟·K. 布利（Arthur K. Bulley），他当时正在切斯特附近的内斯建造一个新花园，并在花园里种植稀有的异国情调的高山植物。布利催促亨利要种子，虽然亨利无法从他的日常工作中抽出足够长的时间认真地采集种子，但他尽了最大努力来满足布利的要求，因为他既喜欢布利的无限热情（"我对狂热者、怪人之类情有独钟"），也喜欢布利"把美丽的植物引入穷人的村舍"的愿望：布利的花园每天都对所有来访者免费开放，圣诞节除外。但亨利建议，布利最好把自己的全职植物猎人送到中国来。

布利向他的老朋友爱丁堡皇家植物园的管理员艾萨克·贝利·鲍尔弗爵士（Sir Isaac Bayley Balfour）寻求建议。不久前，鲍尔弗雇了一个相当不同寻常的年轻人在植物园的标本馆工作。这位精力充沛的苏格兰人 20 多岁的大部分时间是在澳大利亚内陆度过的，他在 18 岁时就独自出海，加入了当时的淘金热潮。他显然是一个顽强的人，坚持每天往返 20 千米步行上班，而且一整天都不坐下来。他身体非常健康，会射击和钓鱼，在基尔马诺克一家药店当过短暂的学徒，学到了一些基本的医学知识。简而言之，鲍尔弗毫不犹豫地推荐了 31 岁的乔治·福里斯特："他是一个身材健壮的家伙，看起来是一个合适的采集员。"

乔治·福里斯特于 1904 年 8 月抵达中国西南部的云南省，他对那里丰富的植物感到欣喜若狂。他绝不是第一个看到这一景象的西方人：早在很久以前，1283 年，意大利旅行家马可·波罗就写下了他所看到的"植物奇观"，而在 19

莉莲·斯内林（Lilian Snelling）绘制的华丽龙胆，引自《柯蒂斯植物学杂志》，1928 年

世纪 80 年代，法国传教士兼探险家赖神父（Père Jean Marie Delavay）在云南采集了 20 多万份植物标本，其中至少有 1 500 种是科学上的新物种。天主教传教士仍在该地区活动，到了次年夏天，福里斯特花了一年的时间学习语言，并组建了一支当地采集团队，大本营设在德钦县茨菇（Tzekou）教堂，他是两名年长的法国教士的客人。

那不是一个安全的地方。1905 年，由于 1903 年英国人侵了西藏并侵犯了圣城拉萨，愤怒的西藏僧人举行起义，开始大规模反击外国传教士连同基督教信徒等。随着危险的临近，福里斯特恳求这两位老人放弃任务，但他们决定留下来战斗。直到复仇的僧人们快到门口时，他们才同意离开，但他们由大约 80 个逃亡者组成的团队——包括他们所有的信徒和福里斯特的 17 个采集员——很快就被发现了。福里斯特在一封写给鲍尔弗的长信中表示，当教士们拒绝匆忙赶路时，他的挫折感与日俱增。当这队人停下来吃午饭时，福里斯特写道："在这种情况下……完全不想吃东西。"他爬到山谷另一边的一个瞭望台，看到一群藏族人正向他们扑来。"马上一切都变得混乱起来，从那一刻起，每个人都只为自己着想。"当大部分人冲上山坡时，福里斯特向澜沧江方向俯冲。"我永远不会忘记那个场面，我也说不清我是如何死里逃生的。这条小路在大多数地方是由悬崖峭壁表面的支撑点组成的，悬崖下面几十英尺就是轰鸣着的澜沧江。部分道路只由 8 英寸（20.32 厘米）粗的圆木组成，由于长期的潮湿空气和水雾，它们变得很湿滑，而且腐烂了。尽管如此，我还是直接冲了过去，就像走在一条普通的好路上一样。"但他的速度还不够快：当发现逃生路线被堵住时，他一头扎进灌木丛里，一动不动地躺在那里，直到追赶他的人走过去，夜幕降临。

月亮升起时，福里斯特试图翻越环绕山谷的高高的山脊，山坡陡峭，脚下岌岌可危，他花了 5 小时才登上山顶——结果发现山顶的看守更加严密。别无选择，他只能爬回去"躲在岩石下的一个洞里"度过一天。第二天晚上，他又试了一次，但发现他留下的脚印可能会暴露踪迹，于是他把靴子埋了起来。"然后下到小溪里，涉水向西走了约 1.6 千米，当我上岸时，我非常小心，没有留下任何痕迹……这趟行程占去了第二晚的全部时间。"

第三天晚上,福里斯特又到山脊上试了一次,但再次被哨兵挫败。他唯一的安慰是在地上发现了一把麦穗。"这些是我八天来吃的全部食物,每天都勉强维持。"他夜以继日地试图逃跑,日复一日地躲藏起来,有时追捕他的人离他不超过45米。到了第八天,他已经虚弱得几乎站不住了,他知道他必须寻求帮助:"无论如何,如果我不这样做,即使不死在僧人手中也得饿死。"

当他摇摇晃晃地走进一个小村庄时,福里斯特"浑身上下都糟透了:衣服早已被刮烂成了破布,沾满了泥土,马裤被刮得几乎不剩,脸和手都因摸黑挣扎着穿过灌木丛而留下各处伤疤和划痕,脚上也是一样,肿胀得几乎看不出脚的样子,一脸蓬乱的大胡子。毫无疑问,他的脸上流露出一种最恐惧、饥饿和被猎杀的表情"。他很幸运:村民们是傈僳族,这是一个与藏族不同的民族,他们同意帮助他。唯一的逃生途径是穿过茂密的竹林和杜鹃林,然后越过高海拔的积雪山口——足以将他赤裸的双脚冻裂。"睡在这么高的地方,还没有任何遮盖,真是彻骨的寒冷。一天晚上,雨下得很大,我们没有火,只能满足于躲在一块松树皮下少淋一些雨。"雪上加霜的是,他步履蹒跚地穿过一个花卉天堂,那里有数英亩[1]的报春花和杜鹃花,看上去"非常可爱"的罂粟花和无数其他绚丽的花朵,可是他没能采集到任何一朵花。但与他的前同事们相比,他遭受的挫折是微不足道的。他的17名助手中只有一人幸存下来,而教士们最终也未能幸存。福里斯特一瘸一拐地走回大理,却发现他已经被宣布死亡了:在传达他安然无恙的消息的电报到达苏格兰之前,他的家人早已经开始哀悼了。

福里斯特的描述可能有些夸大的成分。但当他和英国领事馆的朋友乔治·利顿(George Litton)一起去腾冲采集标本时,他还在忍受饥饿的后遗症。他在茨菇教堂的所有积累全部丢失,一切都需要重新开始。福里斯特和利顿在蚊子肆虐的丛林里待了两个月。利顿死于疟疾,福里斯特病倒了,但活了下来,1906年满载而归地回到英国。

尽管第一次旅行遭受了惊吓,但福里斯特又回到过中国6次。当他和布利

1 1英亩约等于4 047平方米。——编者注

后来未能就条款达成一致意见时，他开始为一系列的财团工作，这些财团的成员包括康沃尔郡凯尔海斯（Caerhays）的 J.C. 威廉斯（J.C.Williams），以及同样位于英格兰南部埃克斯伯里的莱昂内尔·罗斯柴尔德（Lionel Rothschild）。这两个人都是木本植物尤其是杜鹃花的狂热收藏家，福里斯特也没有让他们失望。他从厚厚的雪堆中第一次瞥见了美丽的滇藏玉兰（*Magnolia campbellii* subsp. *mollicomata*）——后来成为威廉斯著名的品种"拉纳斯"（Lanarth）。他采集的怒江红山茶（*Camellia saluenensis*）在凯尔海斯与山茶杂交，形成了自然开花的威廉斯杂交山茶品系（*Camellia × williamsii*）。朱红大杜鹃（*Rhododendron griersonianum*）也被证明是优秀的育种品种，成为 150 多个杂交品种的亲本。事实上，不是福里斯特而是赶着满载种子的骡子先行的采集队员们发现了雄壮的凸尖杜鹃（*R. sinogrande*），它的叶子可长达 1 米，叶背面长有山羊皮般柔软的茸毛，这一物种让福里斯特大受称赞。他们总共采集了 5 375 株杜鹃，其中300 多株为新品种。事实上，福里斯特的最后 4 次旅行都是应杜鹃协会的邀请进行的，他们惊讶地得知，一直被认为是喜酸性植物的杜鹃竟然可以在石灰岩上自由生长，"许多杜鹃都是从几乎裸露的岩石上生长出来的"。

但是，尽管福里斯特在乔木和灌木的引种上取得了巨大的成功，但他对高山草甸上精美宝石般的植物始终爱得深沉。他带回了许多令人向往的报春花，包括可爱的高穗花报春（*Primula littoniana*），这是以他的朋友利顿的名字命名的，但现在被称为"*P. vialii*"。以布利命名的报春花有橘红灯台报春（*P. bulleyana*）和霞红灯台报春（*P. beesiana*，"Bees"是布利为他的采集爱好提供资金而创立的种子公司的名字）。福里斯特从大理苍山山顶带回了华丽龙胆，这是最壮观的龙胆（也是最容易种植的龙胆之一），青金石蓝色的喇叭状花朵可长达3 厘米。

福里斯特在第二次旅行（1910—1911 年）中发现了这种龙胆，它生长在海拔 4 270 米至 4 570 米的沼泽地上，一簇簇翠绿色的叶子中伸出艳丽的让人无法忽视的具条纹的花朵。赋予龙胆（和其他植物）鲜艳颜色的色素是花青素，花青素自身具有抗氧化性，使紫色水果和蔬菜成为健康食物。龙胆长期以来一直

Vincent.Br

玛蒂尔达·史密斯绘制的滇藏玉兰，选自《柯蒂斯植物学杂志》，1885 年

玛蒂尔达·史密斯绘制的高穗花报春，选自《柯蒂斯植物学杂志》，1910 年

作为药用植物使用，特别是用于治疗消化系统疾病，现在仍被用于调味意大利阿佩罗酒和法国苏士利口酒等苦味开胃酒。这个属的名字来源于公元前 2 世纪的伊利里亚国王根提乌斯（Gentius），根据罗马博物学家普林尼（Pliny）的说法，这种植物的叶子和根泡水可用来治疗瘟疫。

1930 年，福里斯特开始了他发誓的最后一次探险，目的是采集他错过的所有植物，为"我过去几年的劳动画上一个相当光荣和令人满意的句号"。他的计划是退休后回到爱丁堡，写他的回忆录，把以后的采集工作留给他可靠的助手——首席采集家赵成章（Zhao Chengzhang）。他们从 1906 年年初开始合作，当时福里斯特雇用了一队当地的纳西族人来帮助他。团队中有一部分女性，她们的韧性和足智多谋给他留下了深刻的印象，事实证明，她们既擅长寻找活体植物，也擅长用吸水竹纸压制和干燥标本。其他人负责准备并打包大量的种子。在接下来的四分之一个世纪里，赵成章组建起了一支由训练有素的植物猎人组成的紧密团结的团队——大多是来自他家乡雪嵩村的家人和朋友，他把他们分成四五个人一组的小队，从各个基地派分出去，而他和几个亲自挑选的得力助手承担着最具挑战性的搜寻工作。到了 20 世纪 20 年代，他对福里斯特需要什么心知肚明，并在两次探险之间继续进行植物采集工作。

福里斯特从未写过那本回忆录：1932 年 1 月，他在腾冲附近的山上拍摄时，因突发心脏病坠亡。他留下了惊人的遗产——超过 3.1 万份标本（其中包括鸟类、哺乳动物、昆虫以及植物），1 200 多种新的植物物种和 30 多个以他的名字命名的分类群。毫无疑问，福里斯特热爱且尊重云南人民。（他会自掏腰包，给数以千计的当地人接种天花疫苗——天花在当时仍然是一种致命的疾病。）然而，福里斯特采集的植物中没有一株是纪念赵成章或其助手的。这一遗漏在 2020 年 6 月得到了纠正，科学家在对小檗属（Berberis）的修订工作中，将一个新品种命名为赵氏小檗（Berberis zhaoi）。

蓝罂粟

——恐高怕冷的登山家与青藏高原的隐秘圣境

学名：贝利氏绿绒蒿（拟麝香叶绿绒蒿，*Meconopsis baileyi*）

植物学家：弗兰克·金登·沃德

地点：中国西藏

年代：1924 年

是什么让一个特别恐高、怕蛇、讨厌寒冷的家伙决心成为中国-喜马拉雅地区的一名植物猎人，在茂密丛林中和茫茫雪地里忍受各种艰难困苦，坚持不懈地度过了 50 年？

对弗兰克·金登·沃德而言，答案格外简单：植物狩猎是为他永不满足的探索欲望提供出口的最实际的方式。

在某种程度上，植物学是流淌在金登·沃德血液中的：他的父亲在剑桥大学担任植物学教授，他从小就被父亲的植物学教科书中的图片深深吸引，一直梦想着探索热带雨林。22 岁的他先是在上海找到了一份校长的工作，随后，当事实证明这并不像预期的那么具有异国情调时，他设法获得了一次去中国西部进行动物考察的机会。在这里，他采集了一些植物标本，但更重要的是，对于野外博物学家坎坷的生活来说，这是一次很好的学徒经历。因此，1911 年 1 月，当一份工作邀请突然出现时，他"爽快地"接受了邀请。

工作邀请来自对植物痴迷的棉花大亨阿瑟·布利，他之前曾雇用乔治·福里斯特作为植物采集家。在福里斯特跳槽到一个出价更慷慨的赞助商那里之后，布利开始寻找另一个人：金登·沃德可能缺乏经验，但至少他已经在中国了。金登·沃德写道："布利的信决定了我未来 45 年的生活。"

在这 45 年里，他至少进行了 22 次探险，穿梭于中国、缅甸和印度的边境地区，那里是一片被难以想象的高山和深深的河谷分隔切割得裂痕满满的土地，在一天多一点的路程里，能见到从热带到北极的几乎所有气候下的植物。他总

莉莲·斯内林绘制的贝利氏绿绒蒿，引自《柯蒂斯植物学杂志》，1927 年

共收集了 2.3 万多种植物，描述了 119 个新物种，其中包括 62 种杜鹃，11 种绿绒蒿和 37 种报春花，但他的首要任务始终是寻找能够在他富有的赞助商建造的新林地花园中茁壮成长的活体植物。金登·沃德历经艰险：他对地点的记忆惊人地准确，可以在几个月后回到同一株明星植物上去采集种子，甚至在降雪的情况下准确地找到它，但即使如此，他也经常会一次迷路好几天。他至少从悬崖上摔下来过两次（有一次是因为他的腋窝被竹钉刺穿了并被勾住才幸免于难），多次患疟疾，还受到有防备心的放牦牛的牧民、藏獒以及喝醉酒的厨师（他通过向后折对方大拇指将厨师制服，这是"柔道招式"）的攻击，甚至还被一棵倒下的树砸过。但这些都不足以与 1950 年阿萨姆邦地震的恐怖相提并论。他当时碰巧位于阿萨姆邦与中国西藏边境的震中附近，躺在上下起伏的地面上，手与年轻的妻子琼·麦克林（Jean Macklin）和他们的两位夏尔巴仆人紧紧相握，确信他们都会被颠到沸腾的地心深处。早晨，一片厚厚的云层遮住了太阳。他们摸黑从泥石流中寻出了一条路，采集到了优雅的花园树木——四照花（*Cornus kousa* var. *chinensis*）。

这些冒险经历被记录在 25 本书和数不清的文章中，金登·沃德旅行中看过的迷人风景以及他沿途遇到的人和他们的生活被生动地描述出来。虽然金登·沃德的作品科学性很强，但他有时很抒情，而且常常很风趣；没有其他植物猎人能像金登·沃德那样用言简意赅的措辞来进行表达。1926 年，他出版了一本畅销书《雅鲁藏布大峡谷之谜》（*Riddle of the Tsangpo Gorges*），讲述了他历时 11 个月沿着一条未知的河流横穿位于西藏的世界上最深的峡谷的探险故事。

他写道："在喜马拉雅山脉的最东端，科学界对这个地区的植物几乎一无所知。"但如果他是诚实的，他应该承认，植物学并不是他的真正目标。他真正寻找的是一个传说中的瀑布，在藏族传说中，它是通往贝玛谷（Pemakö）的雷鸣般的门户——这片"千瓣莲花一样的隐秘圣境"是藏族人民神圣的应许之地。西藏神圣的河流雅鲁藏布江的流向曾一直是个谜。它源起圣山冈仁波齐附近，向东蜿蜒 2 090 千米，穿过荒凉的青藏高原，然后从海拔超过 2 740 米的地方突然急转而下，进入了难以穿透的山峰和峡谷，从地图上消失了。然而，在

240 千米外的阿萨姆平原上,布拉马普特拉河出现在阿博尔山上,向相反的方向流去,海拔只有 300 米。藏族人认为雅鲁藏布江和布拉马普特拉河是一体的。因此,在这一系列深不可测的峡谷(现在已知的深度是美国大峡谷的 3 倍)中的某处,河流轰鸣着绕过南迦巴瓦峰和加拉白垒峰 [藏族人尊崇其为佛母金刚亥母(Dorje Phagmo)的两个乳房] 之间的大拐弯,莫名其妙地垂直下降了近3.2 千米的高度。英属印度的测量员推断,唯一能解释这一现象的说法是,这里肯定有一条巨大的瀑布,可以与新发现的非洲维多利亚瀑布相媲美。

但如何确定呢?在峡谷的下端,印度严密保护的阿博尔和米什米部落阻止了考察活动,而西藏封闭的边境则阻碍了对峡谷上端的勘探。按照僧人保存的秘密导游手册上的指示,这是一个只有朝圣者才能进入的神圣区域。但在英国的一次秘密行动中,一位名叫金图(Kintup)的非常足智多谋的藏族裁缝带着隐藏在转经筒中的测量仪器,在 19 世纪 80 年代成功地到达了一座名为贝玛谷冲(Pemaköchung)的偏远寺庙,官方报道称,他在那里发现了一座高达 45 米、笼罩在彩虹中的瀑布。1913 年,英国探险家 F.M. 贝利(F.M. Bailey)和亨利·莫斯黑德(Henry Morshead)秘密旅行了 2 400 千米去寻找金图发现的"彩虹瀑布",结果却发现他们被误导了:如果真的有大瀑布,那也不是在这里,而是在远处难以穿透的峡谷里。1924 年,金登·沃德准备接手贝利未完成的任务,决心进入这片神秘的土地,"撕下这最后一块神秘的面纱"。

要找到朝圣者前往贝玛谷冲的踪迹并非易事。从那里开始,他的团队不得不在茂密的丛林中一码又一码地开辟道路,攀登高耸陡峭的岩石,在树干上摇摇晃晃地穿过轰鸣的大瀑布,巨大的水流冲击让他们脚下的岩石都在晃动。最后当他们转过一个弯时发现:"离我们所站之处不到半英里(约合 800 米)的地方,有一团巨大的水花笼罩在岩石上。终于到了瀑布所在的位置了。但不是——不是我想象中的瀑布。当然,这个瀑布可能有 40 英尺(约 12 米)高,还有彩虹在水雾中闪烁。但这显然不是浪漫的瀑布,那个想象中的'雅鲁藏布江大瀑布'一直是许多探险家的目标……"

至此便无路可走了,沿着那些陡峭的岩石墙壁已经没有可以继续前进的路

贝利氏绿绒蒿，引自《园艺学评论》（*Revue Horticole*），1933 年

了。金登·沃德转过身来，断定他所寻找的瀑布只是虚构的产物。但他已经将峡谷未探索的部分减少到只有 16 千米，而且从园艺学的角度来看，这次旅行是一次胜利。尽管地势险峻，但"只要大自然能够提供支持，树木就会生长"，他带回了大量的杜鹃花、小檗、鸢尾、金莲花和许多报春花，其中包括优雅的西藏报春花、巨伞钟报春（*Primula florindae*）——这是以他第一任妻子弗洛林达（Florinda）的名字命名的，另一个则是以他的旅伴昵称"杰克"的考德勋爵（Lord 'Jack' Cawdor）的名字命名的，考德是一位年轻的苏格兰贵族，为此次探险提供了部分资金。考德并不喜欢这次旅行，他觉得食物不好吃 [尽管他事先做了准备，从福南梅森（Fortnum & Mason）茶餐厅专门带了食物]，而且金登·沃德的步伐慢得令人沮丧。"跟在他后面走让我快疯了，"他抱怨道，"如果我再去旅行，我一定不会和植物学家一起去。他们总是停下来四处看一堆杂草。"

但当他们在一片"充满恶意、多刺的灌木丛"中发现了一丛奢华的绿绒蒿时，就连考德也对此印象深刻，因为这就是贝利在 1913 年的探险中发现的那一种，他当时只是在口袋本里压了一朵这种花。虽然这不是金登·沃德发现的第一种蓝色绿绒蒿，但他确信这会是最好的一种。因为它不仅美丽（"在报春花的天堂里，花儿像蓝色和金色的蝴蝶一样在海绿色的叶子中起舞"），而且能够被寄予厚望。因为"其顽强耐寒，容易在英国种植。作为一种林地植物，它不会受到我们多变气候的影响；它来自中等海拔地区，习惯于那种平淡无奇的温和天气，我们非常清楚如何提供这种气候条件；由于它是多年生植物，也给园丁们省了不少麻烦"。但事实证明，它很难种植，只能在苏格兰和美国东海岸部分地区的凉爽花园里茁壮成长。它以贝利氏绿绒蒿的名字被引入栽培，直到1934 年，它被认为与 1886 年法国传教士赖神父在云南发现的藿香叶绿绒蒿（*M. betonicifolia*）是同一种植物，因此被归并到了先前发表的名称中。2009 年，有人提出这实际上是两个不同的物种，所以金登·沃德发现的蓝色绿绒蒿得以再次用于纪念贝利先生，贝利作为一名士兵、探险家和特工，度过了充满冒险的一生。相比之下，金登·沃德的生活就显得平淡无奇了。

1919 年，金登·沃德在尤安·考克斯（Euan Cox）的陪同下度过了几天。

尤安·考克斯是一名年轻的苏格兰植物猎人，后来与一位著名的高山植物采集家雷金纳德·法勒（Reginald Farrer）一起探险。考克斯的儿子彼得也成了一名植物猎人，他的孙子肯尼思（Kenneth）也是如此。肯尼思以金登·沃德的书为指南，经常追随他的脚步，前往喜马拉雅山脉。他知道，书中提到了许多物种，但金登·沃德需要优先满足他的赞助人的喜好，没有费心去采集这些物种，而其他一些物种也并没有栽培成功。考克斯确信，仍有丰厚的物种资源有待采集。他不可避免地被雅鲁藏布大峡谷所吸引，那里的瀑布之谜仍有待解开……

1996年，肯尼思遇到了两位美国探险家——小肯·斯托姆（Ken Storm Jr）和伊恩·贝克（Ian Baker）。他们确信瀑布是存在的，他们也带着一本金登·沃德的书作为指南，穿越峡谷，追溯他发现彩虹瀑布的危险旅程。幸运的是，他们的向导正是曾给金登·沃德引路的猎人的孙子，从小听着一位"疯狂"的英国植物猎人的故事长大：他们重访当年的营地并找到了当时的拍摄角度时，总有一种金登·沃德仅仅在几个月前才走过的感觉。1998年，另一位猎人姜地（Jyang）向他们展示了一条通往瀑布的新路线，这条路线通向一个新的更高的制高点。他们脚下是半隐于云雾之中的彩虹瀑布。再过去，江水向左冲去，在另一个大落点上倾泻而下。传说中的瀑布一直在那里，就在约400米之外，被河流的拐弯处给遮住了。当斯托姆调查瀑布时，他发现此前发现的彩虹瀑布高21米，大约是金登·沃德估计的2倍，而新的瀑布高达30米，是喜马拉雅山脉主要河流有记录以来的最高瀑布。

第一个得知这一消息的是金登·沃德的遗孀琼·麦克林。1947年，他们结婚，当时他62岁，而麦克林26岁。从那以后，在金登·沃德所有的探险中她都一直陪伴在其左右，直到1958年他去世。凭借自己的能力，她自己也成了一名出色的植物猎人。她说："很高兴弗兰克留下了一些东西让你去寻找。"

瀑布可能不会持续太久了。2004年，当一群皮划艇运动员在峡谷上游航行时，他们得知因将修建大坝，当地村民即将被迁出。大坝于2015年投入使用，是雅鲁藏布江沿线规划的11座大坝中的第一座。大拐弯被提议作为人类历史上最大的水电工程的选址，其规模大约是长江三峡大坝的3倍。

曼尼普尔百合（*Lilium mackliniae*）是为了纪念金登·沃德的第二任妻子、无畏的旅伴琼·麦克林而命名的。这幅画由斯特拉·罗斯–克雷格绘制，引自《柯蒂斯植物学杂志》，1950 年

大花黄牡丹

——来自世界屋脊的园林珍宝

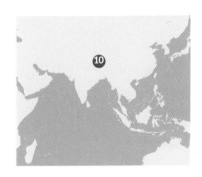

学名：大花黄牡丹（*Paeonia ludlowii*）

植物学家：弗兰克·勒德洛和乔治·谢里夫

地点：中国西藏

年代：1936 年

喜马拉雅山脉的大片土地仍未被绘制和开发，更大的地区为野外博物学家提供了探索的处女地……我们感觉自己是先驱者，并为这种想法感到兴奋。能生活在这样一个新的土地、鲜花和鸟类仍待发现的时代是一件好事。

1940 年，弗兰克·勒德洛在《喜马拉雅日志》上这样写道。1929 年，他在喀什与乔治·谢里夫相识，两人一见如故，都对博物学充满了热情。谢里夫更喜欢花卉，而勒德洛则特别喜欢鸟类。勒德洛曾在印度教育部工作多年，1923 年搬到西藏，领导一所新的英式精英学校。在经历了 3 年的不断挫折后，他辞了职，回到了克什米尔，但最重要的是，他在西藏结识了一批有影响力的朋友，因此他获得了其他外国人都没有得到的探险许可。谢里夫曾当过兵，曾担任英国驻喀什的领事，他的人脉也很广，他的朋友中有不丹的统治者。1933 年，他们第一次一起到不丹考察。在成功采集了 500 多株植物后，他们制订一个计划，探索锡金以东鲜为人知的喜马拉雅地区，系统地向东采集直到雅鲁藏布江的大拐弯处。之前的几位探险家曾表示，在那里会发现难以想象的丰富的植物资源。

在接下来的 15 年里，他们就是按照这一计划开展工作的，有时也有英国植物学家以及谢里夫勇敢的妻子贝蒂（Betty）的加入，并得到了雷布查人采集家钟潘（Tsongpen）领导的由不丹人、锡金人和克什米尔人组成的当地多种族团队的支持。"谢里夫高超的组织能力确保了他们衣食无忧，报酬丰厚，让他们感

莉莲·斯内林绘制的大花黄牡丹，引自《柯蒂斯植物学杂志》，1927 年

　　受到自己的工作非常重要，事实也确实如此，"勒德洛写道，"所以他们尽了最大努力。但谢里夫和我一直很清楚地意识到……没有他们的帮助，我们不可能走得很远或做得很好。"

　　目前还不清楚他们是如何负担得起这些人手充足的探险活动的，因此一些人指控他们实际上不是植物学家，而是间谍。如果是这样，他们可谓非常善于维护自己的伪装身份了，采集了至少2.1万份植物标本和大量的种子，他们是第一批用飞机把这些种子送回欧洲的人。

　　这一可喜的进展被第二次世界大战粗暴地打断了，在此期间，他们轮流在英国驻拉萨代表团服务。但在1946年，他们恢复了他们的旅行，出发前往西藏东南部传奇的雅鲁藏布大峡谷。这是一段多灾多难的旅程：谢里夫有心脏问题，勒德洛因吃了用杜鹃花制成的蜂蜜而中毒，甚至连谢里夫的狗也因被非洲劲蜂蜇了而瘫痪。由于无法获得下一年的入境许可，他们于1949年最后一次去了不丹，之后那里的国门便重重地关上了。（直到1974年，西方游客才被允许入境。）他们退休后回到了英国：谢里夫去了苏格兰，在那里创建了一个著名的喜马拉雅花园；勒德洛则加入了伦敦自然博物馆，在那里他为自己采集到的标本工作了20年。

　　勒德洛表示，在孜孜不倦地采集

滇牡丹（*Paeonia lutea*，现名为 *P. delavayi*），玛蒂尔达·史密斯绘制，引自《柯蒂斯植物学杂志》，1901年

植物标本的同时，他们最大的乐趣是收集种子，因为"除专家之外，很少有人会花很多时间在标本馆里"，而"生长在我们花园和公园里的活体植物，对所有看到它们的人来说都是一种享受"。其中就有一种绚丽的产自西藏的黄牡丹。最初人们认为它是滇牡丹的一个大花变种，直到 1997 年，大花黄牡丹才被确认为一个独立的物种。它生长在西藏东南部海拔 2 750 米至 3 350 米的干燥岩石山坡上的浓密灌木丛中。虽然它闪亮的花朵和漂亮的叶子使它成为一种受欢迎的园林植物，但如今在野外它被认为已濒临灭绝。

勒德洛和谢里夫引进了至少 66 种报春花、23 种绿绒蒿和 100 多种杜鹃花。园丁们也应该感谢他们带回来了具有美丽光滑树皮的细齿樱桃（*Prunus serrula*）和橙色花序的圆苞大戟（*Euphorbia griffithii*）。但也许他们最重要的工作是作为民族志学者。谢里夫不仅是一位优秀的摄影师——他积极拥抱彩色胶卷的新技术，也是最早的纪录片制片人之一。这些被英国电影协会保存下来的电影，不仅展示了他们艰难的旅程，穿越刀刃般狭窄的小径和可怕的河流，而且记录了几乎消失的西藏的日常乡村生活：女人们把牦牛毛挂起来晾干，咯咯笑着的孩子们用转轮纺棉。这里有宗教仪式和乡村节日，舞者们穿着精心制作的传统服装。许多植物学家记录了他们的旅行，但没有人留下像乔治·谢里夫那样深刻的记录。

通脱木

——热带宝岛上的耐寒通草

学名："雷克斯"通脱木（*Tetrapanax papyrifer* 'Rex'）

植物学家：布莱迪（Bleddyn）和休·温-琼斯（Sue Wynn-Jones）

地点：中国台湾

年代：1993 年

疯牛病使威尔士农民布莱迪和休·温-琼斯变成了植物猎人。他们一直都是卓越的旅行家，现在，他们离开了牛群，高兴地背上帆布背包，前往约旦。在瓦迪拉姆灼热的红色沙漠中，他们发现了一种长在岩石上的很吸引人的细叶瑞香。老实说，这是一种不太可能在潮湿的威尔士山坡上茁壮成长的植物。但它体现了一种理念——一个与众不同的苗圃，能够提供来自全球各地的完全陌生的植物。

"我们具备成为植物猎人的首要条件，"布莱迪说，"我们知道如何适应艰苦的旅行。"他们开始寻找下一个目的地——研究他们想去的地方的植物区系，在英国皇家植物园查阅植物标本，在班戈（Bangor）植物园学习如何采集、清理、晾晒浆果和种子。他们还了解到栽培中有多少代表性不足的常见属。例如，他们下一趟旅程的目的地是中国台湾，这里的绣球花科植物中至少有 13 种有希望的品种，但园艺行业对它们知之甚少。E. H. 威尔逊在他职业生涯的晚期曾在那里种植过植物，但除此之外，台湾的高地仍然鲜为人知：布莱迪确信他会找到适合在较冷的条件下生长的山地森林植物。温-琼斯夫妇对那里的植物多样性感到震惊，其中最引人注目的是令人叹为观止的太鲁阁峡谷。

自从 1991 年的第一次旅行以来，他们又六次回到台湾，并在第二次探险时带回了壮观的"雷克斯"通脱木——它是一种大型常绿灌木或小乔木，这种植物立即被全欧洲的园林设计师们追捧（尽管它有讨厌的根出条习性），成为都市

通脱木，引自 W.J. 胡克的《胡克的植物学日志和邱园杂集》（*Hooker's Journal of Botany and Kew Garden Miscellany*），1849—1857 年

时尚的终极代表，直立的茎顶有巨大的、深裂的叶子，宽度可达 1 米。后来的探险中，布莱迪从更高的海拔处采集到了另一种变种，他们认为这种树更优越，不仅长得更高，而且耐寒性更强。克鲁格植物农场（Crûg Farm Plants）现在在园艺家中享有国际声誉，因为它从中国台湾引种了鹅掌柴，从南美洲引进了山参属（Oreopanax）植物，从越南引种蜘蛛抱蛋，这些植物看起来都充满异域风情，却能忍受冬季寒冷的温带气候。一些早期发现的植物，如芳香浓郁、开蜡状花的攀缘植物纸叶八月瓜（*Holboellia latifolia* subsp. *chartacea*）和短蕊八月瓜（*H. brachyandra*）现在被广泛种植。

一种用于制作通草纸的植物，被视作通脱木，引自 L. 范霍特（L. van Houtte）的《欧洲温室与花园植物志》（*Flore des Serres et des Jardins de l'Europe*），1845—1880 年

这对夫妇现在已经访问了近 40 个国家和地区，包括老挝、哥伦比亚、危地马拉以及韩国和越南的部分地区，在这些地区从未进行过广泛的植物考察。每一次考察都拓展了他们的知识。例如，当温–琼斯夫妇开始采集蜘蛛抱蛋属植物时，该属已知的种类只有 20 种左右；现在有近 200 种，其中有几种是他们发现的。自 2017 年以来，他们一直与俄罗斯植物学家——大多来自莫斯科的主要植物园——密切合作，研究假叶树属（*Ruscus*），比如花商们熟悉的假叶树（*R. aculeatus*）。有一次他们穿越了令人毛骨悚然的阿布哈兹战区——但这远不是温–琼斯夫妇唯一一次遇险：他们生动地讲述了在危地马拉被土匪劫持，在尼泊尔受到武装威胁，以及在泰国躲避守卫鸦片田的持枪暴徒的经历。

他们对这些危险一笑置之——真正让他们感到害怕的危险是气候变化，在他们看来，气候变化的影响甚至比人类的压力，对植物界造成的威胁更大。30多年来，他们目睹的灾害令人震惊，尤其是极端天气事件等自然灾害，他们认为极端天气事件变得更加频繁和猛烈。

"在这些植物被火灾、洪水、泥石流、地震或台风彻底摧毁之前，人们要争分夺秒地去了解它们，并对它们进行描述。我们曾见过一个晚上的降雨量就达到了1000毫米。我们也曾见过森林中的植物被房屋大小的巨石冲得七零八落。"

如果温-琼斯夫妇能采集种子并培育植物，以便使它们能够在其他地方生存繁衍下去，那就再好不过了。他们经常不能。十有八九，这些植物因为太难繁殖而难以商业化：事实上，克鲁格植物农场一直更像是一个活的图书馆，而不是一个赚钱的商业企业。他们与所在国家和地区的科学机构和植物园密切合作，分享知识、标本和种子。(他们的一贯做法是首先将他们的发现分发给专业机构，以确保这些植物能有最好的生存下去的希望。)为了分担旅行费用(他们完全自费)，他们有时会与其他苗圃合作：具有传奇色彩的美国园艺家丹尼尔·欣克利一直是他们的长期伙伴。共同的努力不仅更愉快，而且有助于增加引进植物的成功概率。

布莱迪解释说："在寻求培育新植物的过程中，我们的目标是尽可能地保护我们所能种植的植物的多样性。植物在野外受到的威胁越大，在花园里为它们找到安全空间的任务就越紧迫。我们不能将希望全部寄托在科学家身上和植物园方面——每个人都要发挥自己的作用。"

淫羊藿

——与蜀地结缘的"日本林奈"

学名：芦山淫羊藿（*Epimedium ogisui*）

植物学家：获巢树德（Mikinori Ogisu）

地点：中国四川

年代：1992 年

在日本，植物学家获巢树德被尊为"活国宝"。虽然在英国没有这样的尊称，但深受人们喜爱的 80 多岁的种植园园主罗伊·兰开斯特（Roy Lancaster）也值得这一称号，他还是作家、广播员、讲师和植物探险家，在英格兰南部的花园中种植了许多获巢引入的珍稀和美丽的植物。他们二人是近半个世纪的朋友，在日本和中国一起种植过大量植物。他们本是不太可能的一对组合，和蔼可亲的兰开斯特以热情而著称，乐于和任何人聊天；而获巢的形象则严肃得多，他的严厉和禁欲主义为他赢得了"绿武士"的称号。

这个绰号也缘于获巢对日本江户时代（1603—1868 年）热爱花卉的武士阶级的深刻了解和敬仰。在与外界隔绝的这几个世纪里，历代幕府将军鼓励发展复杂的园艺文化，早在孟德尔研究西方植物遗传学之前，日本的植物育种就已经取得了非凡的发展，培养起了对如茶花、菊花、枫树和鸢尾等植物类群的精致的审美取向。由于担心这种传统消失在现代日本，获巢（他也是一位无与伦比的园艺家）开始采集这些植物，而这激发了日本慈善家柏冈精三的灵感，使其建造了一座花园来保护这些文化瑰宝。花园于 1978 年种植了上千种美丽的日本玉蝉花（*Iris ensata* var. *spontanea*），在接下来的 10 年里，花园规模不断扩大，以保护其他历史悠久的植物群，如玉簪花、绣球花和常绿杜鹃花，并在原址上建立了一个研究机构。1997 年，获巢发表了他几十年的研究成果——一本华丽的"紫书"《日本传统花卉栽培的历史和原则》（*History and Principles of Traditional Floriculture in Japan*），对江户时代特别

克丽丝特布尔·金绘制的天全淫羊藿（*Epimedium flavum*），引自《柯蒂斯植物学杂志》，1995 年，这是荻巢发表的众多淫羊藿新品种之一。© Christabel King

日本江户时期的武士阶层非常喜爱鲜花，这幅溪荪（*Iris sanguinea*）插图出自岩崎常正的《本草图谱》，他是为德川幕府服务的武士。他记录动物和植物，是一位受人尊敬的园艺家和植物培育专家

珍贵的 33 类观赏性植物进行了研究。遗憾的是，柏冈先生去世后，该研究所于 2012 年关闭，给荻巢留下了数千种需要寻找住所的珍稀植物——其中许多植物需要非常严格的精心护理，因此这并不是一件容易的事情。荻巢将其中一部分植物赠给了植物园，将更健壮的一部分捐赠给了当地城市的日本鸢尾花园；还有大约 3 000 株植物被分发给了日本各地最专业的苗圃工作者，荻巢每年都会去看望它们几次，精心照料每一株植物，这些植物仿佛是他最喜欢的孙辈。

荻巢自 10 岁起就对植物深深入迷，各处寻找可以教他植物知识的人。植物对他来说已经是一种安慰：他的家教严苛，刻意培养其自律和自立的禅宗美德，当他再也忍不住泪水时，他会偷偷溜进花园，躲在心爱的树枝下寻求安慰。15 岁时，他决定从事园艺工作；18 岁时，他开始研究植物遗传学；20 岁时，他出发去欧洲留学。罗伊·兰开斯特第一次注意到这位害羞的年轻人，是在一次参观英国哈罗德·希利尔爵士（Sir Harold Hillier）花园的学生活动中，荻巢记下了大量笔记。随后，在中国著名植物学家方文培教授的指导下，荻巢在四川大学修习研究生课程。当时，授予外国人学位还未有先例，所以荻巢只能得到一个"荣誉研究员"的头衔。在其间的几十年里，荻巢对中国植物学的非凡贡献得到了认可，获得了无数奖项，并在 2018 年入选首批四川省植物界名人——成为唯一获得这一荣誉的日本人。

"可以说，"兰开斯特评价道，"他对中国植物区系的了解是无人能比的。他在中国考察的里程比其他任何人都多，前往偏远地区观察到的植物比他同龄的任何其他植物学家的都多，并在众多科属中发现了无数新物种。但更令人印象深刻的是，他对中国人民的深厚情谊——不仅是与他合作的中国植物学家和与他分享研究成果的学术机构，还有他在探索过程中遇到的当地普通老百姓。"荻巢坚持认为，科学家应该谦虚，不要妄想比生活在当地的老百姓更了解身边的植物；相反，他们应该心怀尊重对待这些当地居民，虚心去看、去听、去学习。

荻巢还在西方园艺史上做出了显著贡献，重新发现了"失落"的野生月季，它是几代欧洲品种的第一个亲本。自 20 世纪 20 年代开始，外国植物学家就再也没有发现过单瓣月季花（*Rosa chinensis* var. *spontanea*），直到 1983 年，在英国蔷薇学家格雷厄姆·斯图尔特·托马斯（Graham Stuart Thomas）的敦促下，荻巢在四川的一个山坡上找到了它。正是他在这一地区（热带以外生物多样性最丰富的地区之一）植物区系方面所拥有的专业知识让荻巢出了名，特别是他对峨眉山植物多样性热点地区的探索，那里有 3 700 多种植物，他认为其中 106 种是特有的。这里是 E. H. 威尔逊和导师方教授都喜欢的植物考察圣地。（直到今天，荻巢仍然保留着一份由已故方教授着手起草的峨眉山植物名录，并不断在其中增加新的物种，同时注意记录其他物种何时消失。）这座山还以一种奇怪的天气效应而闻名——一个巨大的彩虹光环，偶尔会出现在山顶上。这便是佛教朝圣者口中的"佛光"；峨眉山是中国四大佛教名山之一，拥有 76 座寺庙，还与武术的诞生密切相关。荻巢已经至少造访了这座山 30 次，并引进了它的各种植物栽培，包括长距忍冬（*Lonicera calcarata*）、优雅的峨眉岩白菜（*Bergenia emeiensis*），以及他最喜欢的两个属的代表——峨眉十大功劳（*Mahonia* × *emeiensis*）和峨眉淫羊藿（*Epimedium* × *omeiense*）。

这最后两个属，十大功劳属和淫羊藿属，花费了荻巢的大部分精力（尽管最近几年他也开始关注蜘蛛抱蛋属、铁线莲属和黄精属）。他发表了许多十大功劳新品种，其中大约有 15 种——包括优雅美丽的荻氏十大功劳（*M. ogisui*），长期生长在兰开斯特的花园里。早在 20 世纪 90 年代末，当兰开斯特知道荻巢在中国发现了这么多淫羊藿新品种之后，就把他介绍给了该属的世界级专家威

HERB. HORT. KEW.

四川植物 PLANTAE SZECHUANENSES

芦山淫羊藿的标本，荻巢树德于 1992 年在中国采集，保存于邱园

廉·斯特恩（William Stearn）。斯特恩惊叹于该属物种在中国的丰富度，立即着手开展了一项新的分类修订工作，使已知物种的数量增加了一倍多。斯特恩感激地宣称，获巢对这种植物的研究做出的贡献前无古人，从那时起，获巢和马萨诸塞州苗圃主达雷尔·普罗布斯特（Darrell Probst）的发现，以及不断增长的园艺杂交种推动了该属不断地兴盛发展，现在至少有 65 种这种小巧的、喜阴的多年生植物已被命名，其特征是娇小且悬垂的花朵形似蜘蛛或主教的帽子。在中国产的 52 个物种中，有 13 种是获巢的发现；为了纪念他，以他的名字命名的物种包括常绿的芦山淫羊藿——该物种长有漂亮的红色斑驳的叶子和巨大的纯白色花朵，还有直距淫羊藿（*E. mikinorii*）——长着紫色和白色相间的花朵，而精致的黔岭淫羊藿（*E. leptorrhizum* 'Mariko'）则是由获巢以他妻子的名字命名的。

就像一个多世纪前的奥古斯丁·亨利一样，获巢对中国西部生境的破坏速度感到震惊。[中国植物学家印开蒲教授和英国皇家植物园园艺专家托尼·柯卡姆（Tony Kirkham）、马克·弗拉纳根（Mark Flanagan）在两本书中将 E.H. 威尔逊当年拍摄的照片与现在中国西部环境进行比较，对此进行了辛酸的记录。] 兰开斯特遗憾地说，这个男人从来不会停下来，而是"总是到某个地方去看看金登·沃德最后一次见到的附生百合或福里斯特最后一次见到的豹子花，看看它们是否还在那里"。兰开斯特担心，就像乔治·福里斯特一样，他的朋友永远不会抽出时间把他看到的、知道的一切都写下来，这将是世界的损失。兰开斯特表示："获巢足以与威尔逊和福里斯特并驾齐驱——他真的是最伟大的植物猎人之一。他已经发现了 80 多个新物种。他单枪匹马挽救了花卉栽培的崇高传统。他被尊称为'日本林奈'，我坚信他完全配得上这一名誉。"

到目前为止，还没有出版获巢回忆录的迹象，但也许一切都没有损失，因为令人惊叹的新植物经常出现在获巢的 Instagram（一款社交应用服务软件）主页上。

欧洲和地中海

历经几个世纪，植物通过战争或贸易传播到欧洲各地。罗马帝国的版图逐渐扩大，包括了从北部阴冷的不列颠尼亚和日耳曼尼亚，到南部的北非以及地中海周围的大多数国家。植物是这个庞大帝国的流通商品之一，当帝国灭亡时，一些植物和相关零碎的知识一起被保存在了基督教修道院里。加洛林帝国从西欧的碎片中诞生，在公元 8 世纪末，查理大帝为促进植物的传播做出了自己的贡献，他起草了一份植物清单，宣布这些植物应该在他的领土内种植。这给了各种地中海植物机会去北欧碰碰运气。

在 1 000 年的大部分时间里，大部分古典时期的研究在欧洲失传了，但更多的资料被保存在了伊斯兰世界。许多希腊文和拉丁文文本都被翻译成阿拉伯语，包括迪奥斯科里季斯（Dioscorides）的《药物论》（De Materia Medica）一书，这是关于古代药用植物的最重要的记录，由罗马军队的一名外科医生在公元 1 世纪所作。该文本在文艺复兴时期被重新发现，促使欧洲第一批植物猎人尝试识别出书中列出的植物——这一努力在 18 世纪 80 年代仍在继续。但阿拉伯帝国倭马亚王朝的医生伊本·朱朱尔（Ibn Juljul）几个世纪前就完成了这一步，并在公元 983 年的版本中增加了一份迪奥斯科里季斯也不知道的有用植物的附录。摩尔人统治西班牙南部时，带来了他们的植物学知识和园艺传统。当诺曼人在 12 世纪征服穆斯林占领的西西里时，植物似乎很可能随着伊斯兰教建立狩猎公园的习惯而抵达了诺曼底。不过，总的来说，基督徒拒绝向他们的穆斯林敌人学习：除了药用法国蔷薇（Rosa gallica 'Officinalis'）外，几乎没有证据表明十字军带回了哪些植物。

到了 16 世纪，基督教欧洲已经看到了与强大的奥斯曼帝国（在鼎盛时期疆域范围直抵维也纳）建立外交关系的好处，来自土耳其和近东地区的球茎植物涌入北欧受到了热烈欢迎。

这些植物进入了欧洲各地如雨后春笋般涌现的新植物园，其中最著名的是 1545 年的比萨植物园和帕多瓦植物园。虽然这些植物园是让医生们训练技能的工具，但他们成功地将植物学研究合法化——研究植物本身，而不仅仅是将其作为药物使用。随着欧洲各地建立起越来越多这样的植物园，它们成为收集植物和交流植物知识的中心，个人学者也参与进来，香豌豆（sweet pea）的故事就说明了这一点。

番红花

——17 万朵方成 1 千克香料的不育奇花

学名：番红花（*Crocus sativus*）

地点：希腊

年代：公元前 2400 年前

番红花（也称藏红花）的历史已经消失在时间里：人们在当今伊拉克洞穴艺术（5 万年前使用）的史前颜料中发现了藏红花的痕迹，而且它已经被人工培育了很长时间，以至于它的野生起源已经被遗忘了。但最近（2019 年）的两项研究令人信服地证明，这种藏红花起源于希腊雅典附近的一个地区，尽管它似乎最早是在波斯种植的。栽培的番红花是秋季开花的卡莱番红花（*C. cartwrightianus*）的后代，卡莱番红花经过数千年的选育，柱头越来越长——这种植物的雌性部分被拔下并晾干，以生产香料藏红花。由于每种植物只生长 3 根这样精致的花柱，以至于只能手工采摘，藏红花一直都是最昂贵的香料：据估计，生产 1 千克藏红花需要 17 万朵花。

番红花不育，不结种子。因此，它需要人类的干预才能延续种群。青铜时代的人们已经广泛种植了番红花：可追溯到爱琴海的锡拉岛的壁画——创作于公元前 1500 年之前，描绘了米诺斯妇女收获番红花的画面。

这些壁画表明，番红花不仅是一种有价值的商业作物，可用于染色、制作化妆品和香水，而且对女性也具有仪式意义。收获过程由一位女神监督，并由蓝色猴子协助——在米诺斯艺术中，蓝色猴子经常以神圣的侍从的身份出现。（19 世纪，克里特岛克诺索斯古城的一位"修复师"把一只采集番红花的蓝色猴子画成了一个小男孩。）壁画还展示了一名妇女用番红花治疗脚部出血的画面：这种香料在古代是一种万灵丹，用于治疗从胃部不适到忧郁过度等各种疾病，但最常被推荐用于缓解分娩疼痛和痛经。

Crocus sativus.   *Safran cultivé.*

P. J. Redouté.

Langlois.

皮埃尔·约瑟夫·雷杜德（Pierre Joseph Redouté）绘制的番红花，引自其
所著的《最美花朵的选择》（*Choix des Plus Belles Fleurs*），1827—1833 年

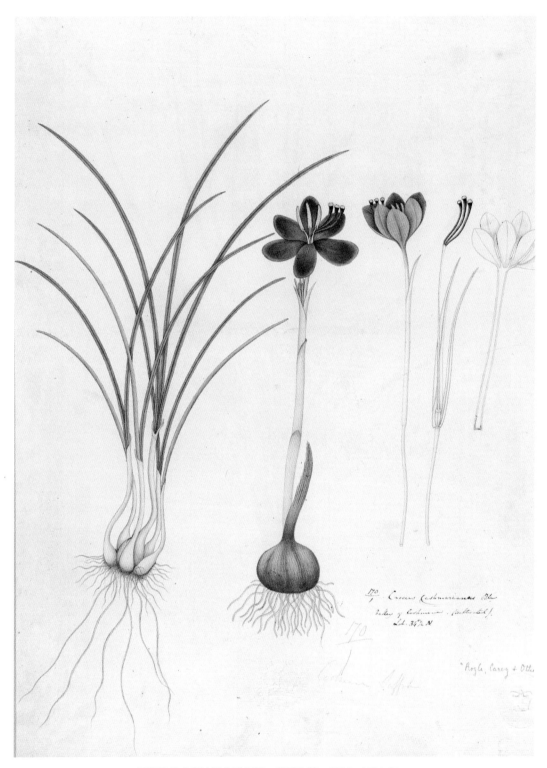

不知名艺术家绘制的番红花，邱园收藏，1828—1831 年

番红花

番红花贯穿了古代世界的历史和神话。萨尔贡一世是公元前 24 世纪至公元前 23 世纪阿卡德王国的建立者,据说他出生在幼发拉底河畔的"番红花之城"——阿祖帕里诺(Azuparino)。波斯人用番红花编织地毯和寿衣。埃及女王克娄巴特拉七世把它撒在浴缸里以增强性欲;亚历山大大帝也将它撒在浴缸里,但希望它能治愈他的伤口。希腊诗人奥维德(Ovid)写道:仙女斯米拉克斯把她的情人克罗克斯变成了一朵番红花。更通俗的用法是,罗马作家老普林尼推荐用番红花治疗肾脏疾病。商人将其珍贵的球茎和香料带到世界各地:公元前 6 世纪,番红花就已经开始在克什米尔得到种植了,并从那里传播到整个印度次大陆,到 3 世纪,番红花已经到达中国。

虽然番红花在罗马帝国灭亡后几乎从欧洲消失了,但在摩尔人征服西班牙后,它与许多失传已久的人类知识一起重新出现。在黑死病大流行期间(1347—1350 年),番红花的需求和价格飙升,导致商人和贵族之间为争夺市场控制权而发生了争斗,并最终升级为持续近 4 个月的"番红花大战"。因此,瑞士城市巴塞尔选择种植番红花以增加供应,使自己成为番红花交易中心。它很快被纽伦堡取代,那里颁布了严苛的法令即"Safranschou code"以规范这种贵重商品的纯度:被发现在香料中掺假的重罪犯会被处于火刑。

番红花在中世纪的欧洲依旧十分流行。僧侣们用它代替黄金来装饰手稿,皇家厨师用番红花制作天鹅大餐,时尚的女士们用它来染发。历经两个世纪,番红花在法国和英格兰东部被广泛种植,埃塞克斯郡的切平格瓦尔登(Cheppinge Walden)小镇由此更名为番红花瓦尔登(Saffron Walden),到 17 世纪 30 年代,瑞士和德国移民将番红花引入美国。然而,随着香草、可可和咖啡等令人兴奋的新口味在 18 世纪变得越来越容易获得,番红花逐渐失去了吸引力。

如今,世界上 90% 的番红花产自伊朗,从波斯抓饭到康沃尔圆面包等食物中都有番红花。人们对它的抗炎和抗氧化特性也越来越感兴趣,而早期的试验已经表明,几个世纪以来人们把它当作抗抑郁药来使用是正确的。也有人声称番红花对心血管疾病和癌症有疗效,但这些都还有待证实。

郁金香

——大规模金融泡沫的诱发者

学名：郁金香属（*Tulipa*）

植物学家：奥吉耶·盖斯林·德·比斯贝克（Ogier Ghiselin de Busbecq）

地点：土耳其

年代：16 世纪 40 年代

郁金香在人类文化中占据了十分重要的地位。它见证了贸易和宗教迫害的路线，激发了新的艺术流派，摧毁了经济并推翻了国王。它一直是美丽、殉难、神圣的象征（阿拉伯语中安拉的拼写与土耳其语中的郁金香是相同的），同时也象征了复杂的快感。郁金香球茎可以作为便携的资产，像宝石一样藏在逃离宗教迫害的难民的口袋里；或者，在 17 世纪的波斯，年轻男子向情人求爱时可能会送她一朵郁金香，从而让她明白"花瓣的颜色代表她的美丽让他痴狂如火，而花基部的黑色底座代表他的心被烧成了煤"。没有哪一种花像郁金香一样可以让一整段历史时期都是以它为象征的。

虽然郁金香与土耳其联系最密切，也正是从这里传播到世界其他地方的，但它的自然分布范围很广，从南欧的岩石海岸到中亚的天山山脉，以及黑海和里海之间的高加索山脉，分布有 120 种郁金香属植物。土耳其原产 16 种。其他物种——如人们熟悉的淑女郁金香（*Tulipa clusiana*）——被认为是沿着古老的贸易路线从中亚运来的，并迅速被用作园艺花卉：1055 年，君士坦丁堡就种植了郁金香。15 世纪 40 年代末，法国博物学家皮埃尔·贝隆（Pierre Belon）正是在这里看到了郁金香——他把其比作红色百合。他发现几乎每一个花园里都种植了郁金香，土耳其人对郁金香的喜爱尤甚，会选一朵他们认为独一无二的鲜花插到自己的头巾里。

这似乎就是郁金香得名的由来。奥吉耶·盖斯林·德·比斯贝克，受神圣

红色的郁金香，加上花基部的墨黑色底座，代表着爱人的激情。玛丽·格里尔森绘制的郁金香，邱园收藏，1973 年

罗马皇帝委派，前往位于君士坦丁堡的苏莱曼一世宫廷担任大使，他最先把这种花称为"*tulipam*"。据说，比斯贝克大使向导游询问了其头饰上的花的名字，得到的答案其实是"头巾"（*tulband*），而不是郁金香。比斯贝克在奥斯曼帝国生活了 7 年（1555—1562 年），他通常被视作将郁金香引入欧洲的第一人，但实际上贝隆早已经观察到商船在向欧洲运送郁金香的球茎了。（这些新奇的东西并不总是得到赏识：有一个悲惨的故事，一名安特卫普商人在一批布料中发现了一包郁金香球茎，误以为是洋葱，将其放到热煤上烧烤，然后蘸了油和醋吃了。）到了 1559 年 4 月，巴伐利亚的一个花园里的确生长着一株红色郁金香，这株郁金香是在比斯贝克返回神圣罗马帝国之前用从君士坦丁堡获得的种子培育出来的。瑞士植物学家康拉德·格斯纳（Conrad Gesner）看到这株郁金香后非常兴奋地将其描述了下来，两年后他出版的书中出现了欧洲第一幅郁金香插图。然而，比斯贝克确实把球茎送回了维也纳，寄给了他在帝国植物园工作的朋友卡罗吕斯·克鲁修斯（Carolus Clusius，又名查尔斯·德·莱克吕斯，Charles de L'Écluse）。

淑女郁金香是为了纪念植物学家克鲁修斯而命名的，他是欧洲第一个伟大的郁金香收藏家和普及者。西德纳姆·蒂斯特·爱德华兹（Sydenham Teast Edwards）绘制，引自《柯蒂斯植物学杂志》，1801 年

生于佛兰德斯的克鲁修斯是研究范围广泛的文艺复兴时期的人物，是真正第一个以科学和系统的方式

郁金香

描述植物的欧洲人，他多才多艺，能流利地说 7 种语言，并与欧洲各地的学者通信。他不仅是一名植物学家，还是一个亲力亲为的园丁。他乐于学习如何种植从奥斯曼帝国大量涌入的新球茎植物：银莲花、花贝母、鸢尾、风信子、毛茛、水仙，尤其是郁金香。比斯贝克的信中还附有种子和球茎：可以想象这些鲜艳的、开花早的花卉对当时单调的欧洲花园的影响该有多么巨大。当时，这些园艺珍宝被种植在高级花园中小小的圆顶花坛中，就像装在盒子里的珠宝一样被展示出来。

1593 年，67 岁的克鲁修斯受邀为荷兰莱顿的一所新大学设计一座植物园。他带了很多郁金香去那里，但是也许是因为他不愿意和别人分享他最珍贵的球茎——它们一再被偷。此时的郁金香已经成为一种有市场的商品。佛兰德斯宫廷画家约里斯·赫夫纳格尔（Joris Hoefnagel）在一幅画中展示了一株淑女郁金香和一个奇异的贝壳——早在 1561 年到 1562 年，人们就认为这两者都是欲望的对象。17 世纪早期，郁金香就出现在欧洲花卉谱中，这本花卉谱是当时新出现的植物书籍，目的不是描述它们的用途，而是使读者欣赏花的美丽。

对采集家们而言，郁金香的魅力在于它前所未有的广泛的颜色：郁金香可以是纯的黄色、红色、白色或紫色，有时也可以是这些颜色的混合。克鲁修斯已经注意到了郁金香的"碎色"能力，原本普通的纯色花朵绽放出另一种颜色的绚丽的火焰状条纹。他注意到，该现象似乎削弱了植物的生命力，使其生长受阻，叶子变形，所以这种令人陶醉的表演总是在向种植者做"最后的告别"。直到 20 世纪 20 年代，人们才明白这种图案是由蚜虫携带的一种病毒引起的，这种病毒影响了花中色素的分布，抑制了花的表层颜色，从而让花的底层颜色（总是白色或黄色）显露出来。种植者们花了多年徒劳的时间试图复制这种效果，甚至在土壤中混合颜料。

郁金香很可能是随着逃离佛兰德斯和法国迫害的胡格诺派教徒来到英国的。到 1597 年，英国外科医生约翰·杰勒德（John Gerard）写下了他著名的草药书（虽然他无耻地剽窃了其他书籍中的说法且常常错得离谱），书中描述了 14 类郁金香；他抱怨说，要想详细说明每一个单独品种，那仿佛就是在"给沙子编号"。在新阿姆斯特丹（今纽约）定居的荷兰新教徒携带郁金香横渡大西洋，而另一些人则向着另一个方向前往南非的荷兰新殖民地。

此时，郁金香已经在佛兰德斯和法国生根发芽，并在日益繁荣的荷兰共和国（正式名称为尼德兰联省共和国）获得了一席之地，到了 17 世纪 20 年代，带有条纹和火焰图案的花朵已经卖得很好。其中最著名的是稀有的带有红白条纹的"永远的奥古斯都"（已知现存的球茎只有 12 个），到 1623 年已经可以卖出 1 000 弗罗林[1]。（当时人们的平均年收入只有区区 150 弗罗林。）当整个国家被"郁金香狂热"席卷时，它的价格居然涨到了 1 万弗罗林，这是在阿姆斯特丹最时髦的运河上一栋房子的价格。到 1636 年，据估计（是一个小册子作者估计的，他对把钱花在像花一样轻浮的东西上感到惊恐），购买一颗"总督"球茎所需的 2 500 弗罗林可以买下 27 吨小麦、50 吨黑麦、4 头壮牛、8 头肥猪、12 头肥羊、2 大桶红酒、4 桶啤酒、2 吨牛油、3 吨奶酪、1 张亚麻布床、1 套衣服以及 1 个银杯。随着价格飙升，一幅令人垂涎的郁金香画越来越受欢迎——作为真花的替代品催生了一种全新的艺术流派。

1634 年至 1637 年间，荷兰掀起了对郁金香的狂热，创造了第一个期货市场，因为球茎在抽薹之前就被出售了。人们将其与引发 2008 年金融危机的金融衍生品投机活动相提并论。看到最稀有的球茎获得了丰厚的回报，越来越多的种植者进入了这个市场，直到 1637 年 2 月，市场突然崩溃。郁金香狂热引发的灾难似乎比大多数历史记载的要小得多。一些个人确实赔钱了，但现在看来，荷兰经济从未受到过严重威胁。最稀有的郁金香甚至一直维持住了价格，在整个 17 世纪，郁金香一直是欧洲人的首选花卉，直到英式景观风格的流行取代了花团锦簇的规整式花园，郁金香才失去了它的独尊地位。即使在那时，郁金香仍然受到被称为"花匠"的专业种植者的珍视，他们争先恐后地培育出最完美、图案最复杂的花朵。

虽然郁金香的地位在西方逐渐衰落，但它们却在奥斯曼帝国崛起了，特别是在苏丹艾哈迈德三世（Ahmed III，1703—1730 年在位）统治期间——后来

1　弗罗林是欧洲旧时货币。——编者注

约瑟夫·康斯坦丁·斯塔德勒（Joseph Constantine Stadler）根据彼得·亨德森（Peter Henderson）的画作绘制的郁金香，引自R.J.桑顿（R.J. Thornton）的《花神庙》（*The Temple of Flora*），1799—1804 年

被称为郁金香时期。事实上，土耳其从未放弃过对郁金香的喜爱。在 1453 年征服君士坦丁堡之后，土耳其的花园文化空前繁荣：奥斯曼帝国苏丹穆罕默德二世（Mehmed II）拥有不少于 12 个花园，雇用了 920 名园丁种满了郁金香。苏莱曼一世将奥斯曼帝国的版图从南抵摩洛哥和也门，东至伊拉克，扩张到了维也纳脚下，随他征战的铠甲上装饰着郁金香浮雕，长袍上也绣着郁金香。他的儿子塞利姆二世（Selim II）订购了 5 万株郁金香球茎，从叙利亚运往皇家花园。郁金香作为装饰图案出现在瓷砖、地毯、微型模型和插画手稿上，从 15 世纪 30 年代开始出现在精美的伊兹尼克陶器上。

在广阔的奥斯曼帝国各地继续采集野生郁金香的同时，土耳其的种植者开始培育新的品种：到 17 世纪 30 年代，伊斯坦布尔周围至少有 300 名花匠。苏丹穆罕默德四世（Mehmed IV）在他统治的 40 年期间（1648—1687 年），拟定了一份官方的郁金香名单，对每一个品种的名称和培育人进行了描述。荷兰人通常以虚构的将军的名字命名其郁金香品种，相比之下，土耳其的命名风格则非常抒情：比如"灼心之火"、"血燕"或"极品珍珠"等。只有最完美的品种才能进入榜单，并由专家委员会进行详细评估。培育目标是让郁金香的花瓣越来越细瘦，到艾哈迈德三世的时代，早年腰部圆润的花朵已经让位于长着蜘蛛状尖瓣的细瘦花朵——这与西方理想中均匀的半球型花朵完全不同。

对艾哈迈德三世来说，郁金香是一切美丽、精致和振奋人心的国际化的象征。在郁金香时期，艾哈迈德三世将国家事务交给他的大维齐尔[1]——易卜拉欣·帕夏（Ibrahim Pasha）——负责，帕夏鼓励与西方进行更多的接触，而苏丹本人则致力于美化伊斯坦布尔，在博斯普鲁斯海峡和金角湾建造奢华的夏季宫殿，并在花园里种植郁金香。这些都是奢华派对的场景，客人们的着装被要求与鲜花相匹配——包括从荷兰进口的具有奇特圆圈图案的令人向往的新品种。最奢华的派对在大维齐尔的塞拉宫举行，在郁金香季节，苏丹每晚都会在花园里受到款待，花园里有乌龟在郁金香花坛中漫步，背上固定着蜡烛以供照明。众多郁金香被摆放成金字塔形和高塔形，点缀着镜面灯笼和笼中鸣鸟。音

---

1 大维齐尔是奥斯曼帝国苏丹以下最高级的大臣，相当于宰相的职务。——编者注

乐家们演奏，诗人以郁金香为灵感朗诵诗句。1726 年据法国大使估计，花园里至少有 50 万株郁金香。

　　一些人将郁金香时期视为奥斯曼帝国文化的巅峰，但另一些人则认为这是过度奢靡浪费的时期。随着起义发生，艾哈迈德三世被迫退位，易卜拉欣·帕夏被勒死，郁金香时期在 1730 年 9 月悲惨地结束了。随着他们的倒台，郁金香失宠了，伊斯坦布尔曾经珍藏的数千种乃至更多已被命名的郁金香品种消失得无影无踪。

　　在西方，法国在一个世纪的大部分时间里接替荷兰成为最热衷郁金香的种植国，但今天，荷兰主导着全球的郁金香生产。奇怪的是，作为一种野生植物，郁金香本在夏季炎热、冬季寒冷的荒凉干燥地带茁壮成长，竟然如此适应气候温和的荷兰低地。在荷兰的一份国际郁金香登记名册中，虽然大约有 5 500 个品种的郁金香，但在目前专门种植郁金香的 1.3 万公顷的土地上，仅前 18 个品种就占了三分之一以上的面积。这种花曾经是一颗珍贵的宝石，现在主要作为一种艳丽的作物而存活了下来。

西蒙·韦雷斯特（Simon Verelst）绘制的郁金香，邱园收藏，1604—1651 年

香豌豆

——变幻莫测的育种对象

学名：香豌豆（*Lathyrus odoratus*）

植物学家：弗朗西斯库斯·库帕尼
（Franciscus Cupani）

地点：意大利西西里岛

年代：1696 年

　　香豌豆是原产于西西里岛和撒丁岛的一种一年生攀缘植物，在西西里国家公园的岩石山坡和路旁就可以看到——还可以闻到，因为它很香。西西里的一位修道士弗朗西斯库斯·库帕尼最先注意到了这一点，他在米西尔梅里（现在是巴勒莫的一部分）拥有一个著名的植物园。他于 1696 年在那波利（那不勒斯）出版的《天主教花园》（*Hortus Catholicus*）中列出了那里生长的许多植物，包括香豌豆。库帕尼把种子寄给他在欧洲各地的联系人，例如阿姆斯特丹的卡斯帕·科默兰（Caspar Commelin），牛津植物园的雅各布·博瓦尔特（Jacob Bobart），并于 1699 年，寄给了恩菲尔德（今伦敦北部）的罗伯特·尤维达尔（Robert Uvedale）——他是一位心不在焉的校长，却对园艺充满热情，因为喜欢种植植物而忽视学生受到解雇警告。尤维达尔是最早尝试在加热温室中培育植物的人之一，因此，他"成为这片土地上最伟大、最优质的异国绿植的主人"。

　　1704 年，尤维达尔向英国著名植物学家约翰·雷（John Ray）展示了这种香豌豆，约翰·雷将其描述为"产自西西里的一种芬芳异常的花朵，旗瓣是红色的，龙骨瓣周围唇状的翼瓣是淡蓝色的"。但科默兰报告说它有紫色的旗瓣，其余的花瓣是天蓝色的。如今出售的名为"库帕尼"或"原种库帕尼"（Cupani's Original）的品种，全部是产自西西里的野生植物，旗瓣呈深紫色和深红色。

　　更令人困惑的是，1753 年，伟大的植物分类学家林奈描述了一种香豌豆（*Lathyrus odoratus* var. *zeylanicus*），该变种花色是粉白色相间的，原产于锡兰

香豌豆的版画，引自 P.J. 雷杜德，《最美花朵的选择》

（今斯里兰卡）。这种植物的起源很神秘，因为香豌豆并不生长在斯里兰卡。

无论如何，到了 18 世纪 20 年代，伦敦的园丁就可以买到"香豌豆"了，正是托马斯·费尔柴尔德特别推荐用于城市广场，因为它有强烈的香气，"有点像蜂蜜，有点像橙花"；到了 1731 年，至少有三种颜色可供选择——"库帕尼"的双色、一种纯白色，以及第一个已知的品种"彩绘淑女"的"淡红色"。但到

了 1788 年，根据《柯蒂斯植物学杂志》的记载，"彩绘淑女"不再是红色，而是"白色和玫瑰色相间"。

这种变异性让遗传学家对香豌豆非常感兴趣——尽管这让植物育种者非常恼火。育种真正开始于 19 世纪，由苏格兰园艺家亨利·埃克福德（Henry Eckford）在世纪之交将其推抵顶峰。多年来，他一直默默地在多家疯人院的花园里工作，不断培育更高大、更有活力的香豌豆，使其在更高的茎上开出更多、更大的花，但不牺牲"库帕尼"的花香味。他把这些更大的花朵称为"壮丽的花朵"。然后，他最好的大花品种之一，粉红色的"第一夫人"，在三个独立的花园中发生了突变，最著名的突变发生在 1899 年斯宾塞家族的祖居奥尔索普，也就是戴安娜·斯宾塞（Diana Spencer）夫人的故居。这朵有着波浪形花瓣的巨大粉红色花朵被命名为"斯宾塞伯爵夫人"，并成为"斯宾塞"香

1987 年，奈杰尔·马克斯泰德博士（Dr. Nigel Maxted）在土耳其采集的一种香豌豆属植物（*Lathyrus belinensis*）的标本，保存于邱园

豌豆所有花瓣具褶品种的祖先。

到了 1900 年，香豌豆非常受欢迎，以至于伦敦举行了一场盛大的鲜花庆典。各种等级的花束令人眼花缭乱——有 10 种不同色调的 100 束，或 36 个品种的 48 束。香豌豆成为爱德华七世时代的标志性花卉之一——在时髦的"芳香花园"里绽放，摆放在花盆里，装饰餐桌，这让种植者 E. A. 鲍尔斯（E. A. Bowles）抱怨说，它们破坏了鱼的味道。1911 年，英国报纸《每日邮报》为最佳的一束香豌豆设立了 1 000 英镑的奖金，吸引了 3.5 万份参赛作品。

到了这个时候，已经有很多颜色的香豌豆了，但尽管付出了惊人的努力，还是没有人能够培育出黄色的香豌豆。这一直是一个难以实现的目标，直到 1987 年奈杰尔·马克斯泰德博士在土耳其的安纳托利亚地区进行植物学研究时，偶然发现了一个非凡的香豌豆新品种，它有着黄褐色纹路的旗瓣和明亮的黄色翼瓣，他将其命名为"*Lathyrus belinensis*"。

它与香豌豆的亲缘关系非常密切，马克斯泰德设法获得了 3 年的资金支持，建立了一个育种计划。但在这 3 年结束的时候，马克斯泰德并没有培育出稳定的黄色品种，所以把种子送给了各个苗圃试一试。到目前为止，还没有一个培育成功。

"*Lathyrus belinensis*"的种子现在已被商业化出售——但马克斯泰德非常担心野生种群。2010 年，当他回到发现地点时，他发现山坡的大部分已经被夷为平地，以便建造一个巨大的新警察局。在最初的 8 000 株植物中，只有 20% 的植物幸存下来，当他试图拍摄它们时，他被逮捕了。在 2018 年的第三次考察中，他只找到了 50 株植物。2019 年，"*Lathyrus belinensis*"被列入世界自然保护联盟濒危物种红色名录（IUCN 红色名录），属于极度濒危物种，但还没有保护它的计划。到目前为止，马克斯泰德担心它很可能已经在野外灭绝了。

黎巴嫩雪松

——上帝之树

学名：黎巴嫩雪松（*Cedrus libani*）

地点：黎巴嫩和叙利亚

年代：1636 年

在黎巴嫩北部的马克梅尔山上有一片古老的雪松林，总共可能有 1 200 棵树，被称为"上帝的雪松"。这是曾经覆盖黎巴嫩和叙利亚高地、绵延数千千米的大雪松林令人哀伤的遗存。今天只剩下 17 平方千米，散布在与世隔绝的小树林里。自 1998 年以来，这些雪松（有人说这就是复活的基督向他的门徒们显现自己的地方）被联合国教科文组织列为世界遗产，受到保护，不得砍伐和放牧。但立法不能保护它们免受气候变化或同年出现的一种贪婪的叶蜂的影响，这两种情况都在对树木造成严重破坏。

黎巴嫩雪松的自然分布范围在海拔 1 300 米至 3 000 米，主要生长于黎巴嫩的沿海山脉，叙利亚地区的阿拉维山脉和土耳其的托罗斯山脉，那里的树木可以长到 35 米高，可以活到 1 000 年之久。但几乎没有哪棵树能够如此幸运——黎巴嫩雪松自古以来就是珍贵的木材。事实上，对森林的破坏构成了我们已知的最古老文学作品的一部分：在公元前 2100 年左右刻在石板上的苏美尔文学作品《吉尔伽美什史诗》中，英雄王吉尔伽美什在雪松森林中寻找魔兽洪巴巴，砍下它的头，并砍伐那里的树木建造起了一座城市。

历代文明继续砍伐森林。据说所罗门王用雪松木建造神庙（尽管约瑟夫·道尔顿·胡克对此不屑一顾）。在古埃及，这种木材非常珍贵（其树脂也能用于防腐），一直是盗墓者的目标。腓尼基人用它造船，亚述人、希腊人和罗马人用它建造庙宇。在 8 世纪的耶路撒冷，阿克萨清真寺的圆顶也是用雪松木建造的。后来，英法殖民者们又砍伐雪松木用作铁路枕木。然而，高贵的雪松仍

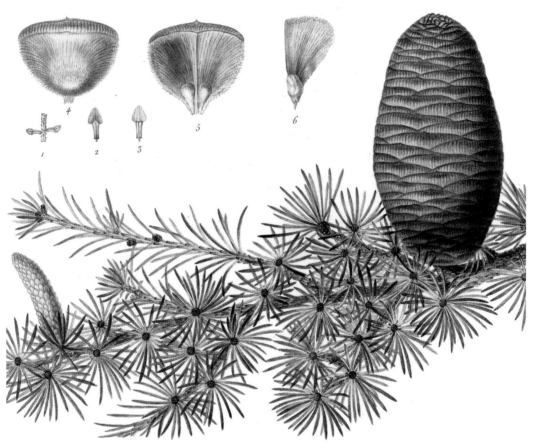

T.5. N.º 78.

1 2 3 4 5 6

ABIES Cedrus. SAPIN (

潘克拉斯·贝萨（Pancrace Bessa）绘制的黎巴嫩雪松，引自H.L.迪阿梅尔·杜蒙索（H. L. Duhamel du Monceau）的《法国的乔木和灌木》(*Traité des Arbres et Arbustes que l'on Cultive en France en Pleine Terre*)，1800—1819 年

163

然是力量和美丽的象征。在《所罗门之歌》（*The Song of Solomon*）中，这棵树象征着所爱之人的美丽："他的面容如黎巴嫩雪松般俊美。"《圣经》中提到雪松的次数不下 103 次。

　　这种树被认为是在 12 世纪第二次十字军运动后由路易七世（Louis VII）和阿基坦的埃莉诺（Eleanor of Aquitaine）带回法国的。众所周知，16 世纪 40

玛丽安娜·诺斯绘制的《格洛斯特郡奥尔德利花园的雪松小径》（*Cedar Path, Alderley Garden, Gloucestershire*），1875—1885 年

年代，博物学家皮埃尔·贝隆将其种植在了勒芒的花园。直到 17 世纪 30 年代，黎巴嫩雪松才由位于阿勒颇的土耳其公司的牧师爱德华·波科克（Edward Pocock）带回英国，他退休后回到牛津郡，成为奇尔德雷的教区牧师，在他的花园里种了一棵雪松。直到今天它还活着。他在威尔顿又种了两棵树，他的兄弟是彭布罗克伯爵（Earl of Pembroke）的牧师。1874 年其中一棵被砍伐时，人们数出的年轮是 236 圈，表明种植日期在 1638 年左右。

日记作家约翰·伊夫林（John Evelyn）是常绿植物的热心推广者，他在是一名早期爱好者，也就是大约 17 世纪 70 年代时，从莱顿植物园获得了 4 株黎巴嫩雪松幼苗，将其种植在伦敦的切尔西药用植物园（Chelsea Physic Garden）。但直到四五十年后，这些早年种植的树苗才开始结出球果，黎巴嫩雪松才被各地广泛种植。它独特的轮廓和层层伸展的树枝，使它非常适合即将改变欧洲花园时尚的新景观公园。对于其中最伟大的景观设计师"能人"兰斯洛特·布朗（Lancelot'Capability' Brown）来说，黎巴嫩雪松成了一种标志性的树，它将成长为英国乡村别墅美学中不可或缺的一部分。这一点从流行的英国电视剧《唐顿庄园》的片头中很容易看出原因：即使是最丑陋的建筑也能由一棵雪松赋予贵族的尊严。

这部系列剧的背景地是海克利尔城堡（Highclere Castle），这里是卡那封伯爵的家，他还拥有德比郡的布雷比庄园（Bretby Hall）。这里有一棵 1677 年种植的大雪松，一直存活到 1953 年。尽管它看起来雄伟壮观，芳香的木材经久耐用，但实际上直立的雪松相当脆弱，老树在暴风雨中失去枝干是很常见的现象。在布雷比庄园有一个传说，每一根雪松树枝的脱落预示着一位家族成员的死亡。这一点在 1823 年第五代伯爵身上得到了证明。他热衷于埃及研究，曾资助图坦卡蒙墓地的挖掘工程，他冲到埃及去看墓穴的开凿。几周后，他在"法老诅咒"下一病不起。

小麦

——农学家缘何变饿殍

学名：小麦（*Triticum aestivum*）

植物学家：尼古拉·伊万诺维奇·瓦维洛夫（Nikolai Ivanovich Vavilov）

地点：彼得格勒（今圣彼得堡[1]）

年代：1921 年

1943 年 1 月 26 日，一位名誉扫地的苏联科学家在苏联西部萨拉托夫的一个战俘营中饿死了。对于被判处死刑的囚犯来说，这再稀松平常不过了。但这对尼古拉·伊万诺维奇·瓦维洛夫而言尤其残酷，因为他的毕生使命就是让世界摆脱饥饿。瓦维洛夫于 1887 年 11 月出生在一个富裕的资产阶级家庭——他的出身也是后来斯大林对其不满的原因之一。然而，瓦维洛夫的父亲在一个贫穷的农村长大，那里经常遭受农作物歉收的困扰。由于从小就经历过粮食配给，他不允许他的家人忘记衣食无忧的脆弱性。

瓦维洛夫在萨拉托夫度过了快乐的时光，萨拉托夫是伏尔加河畔的一座大学城，他在苏俄内战期间（1918—1921 年）曾在那里担任农学教授，并进行了广泛的研究。他对植物育种很感兴趣。在"现代遗传学之父"植物遗传学家格雷戈尔·孟德尔研究的影响下，瓦维洛夫开始坚信，植物疾病的治疗方法必将在基因工程中找到。他前往英国，跟随该领域的领先学者学习，但在 1914 年战争爆发时，他被迫返回俄国——他的船被水雷炸毁，死里逃生。1916 年，更多令人毛骨悚然的冒险随之而来，当时他启程前往伊朗，研究栽培植物的遗传变异性，特别是能够为大多数人类提供主食的谷物。

其中最主要的是小麦属（*Triticum*），这是一种世界各地种植的谷物。有几十个品种，但种植最广泛的是普通小麦，其产量约占全球谷物产量的 95%。

---

1 圣彼得堡，1914 年至 1924 年间为"彼得格勒"，1924 年至 1991 年间为"列宁格勒"。——编者注

166

普通小麦，引自 O.W. 托梅（O.W. Thomé）的《德国、奥地利和瑞士植物图志》（*Flora von Deutschland Österreich und der Schweiz*），1886—1889 年

此外还有传统上用来做意大利面的硬粒小麦（*T. durum*）和斯卑尔脱小麦（*T. aestivum var. spelta*）。有证据表明，早在公元前 9600 年，肥沃新月地带就已经开始种植小麦了。而今天，最大的小麦生产国是中国。

在接下来的几年里，瓦维洛夫确定了 8 个（后来是 7 个）栽培植物的"起源中心"，在这些地方可以看到一种作物的最多样的变异类型。这些地方经常与早期文明遗址重叠，这让他相信，这些基因高度活跃的地区，有着异常丰富的品种，是所有作物进化的中心。通过采集这些地区的作物和它们的野生近亲，研究导致它们被人类选择的可能品质（如对干旱、疾病或特定害虫的抵抗力）以及它们几个世纪以来的进化，他将学习如何重塑这些历史过程，以改变植物。

到 1920 年，瓦维洛夫的工作引起了列宁的注意，列宁任命他担任位于彼得格勒的全苏植物育种研究所所长。到 1921 年春，苏俄又陷入了一场饥荒，导致 500 万人死亡。找到可靠的高产作物——适应从干旱沙漠到西伯利亚雪原的各地气候挑战，最重要的是能够在苏俄大陆短暂的生长季茁壮成长，这显然是国家的首要任务。瓦维洛夫迅速前往美国，以那里作为起点，后来提高谷物产量的试验进展顺利，他带着 61 箱种子回国了。

1923 年至 1940 年间，瓦维洛夫和他的同事们执行了大约 180 次采集任务，其中 140 次是在苏联领土内进行的，其他的则是通过探索世界各地的作物起源中心，收集到了各地具有重要经济价值的植物——总计 3.6 万份小麦，超过 1 万份玉米，近 1.8 万份蔬菜，1.265 万份水果，超过 2.3 万份豆类和类似数量的饲料作物。他们的目的是保存每个物种的全部遗传库，然后可以根据需要加以利用，创造出新的更好的品种。

到了 1940 年，瓦维洛夫已经收集了大约 25 万株植物，在列宁格勒创建了世界上第一个全球种子库。这些作物由分布在苏联不同气候带的 400 多个研究站进行种植并加以评估。有些站点的工人多达 200 名：1934 年，瓦维洛夫所在的机构有 2 万多人从事作物研究，在不同的生长条件下测试每个品种，以找到最适合特定地点的品种。

瓦维洛夫的学生特罗菲姆·李森科结束了这项伟大的事业，他对瓦维洛夫艰苦的作物改良方法感到不耐烦——识别有用基因、杂交、试验并进一步选育确实是一个缓慢而费力的过程。李森科坚持认为，植物细胞可以在某些关键时刻被环境因素改变，而且这种改变将被传递下去——从实践角度上来讲，通过在冬季冷藏种子，可以诱导它们在春季迅速多产，从而确保谷物的不间断收获。这实际上是没有根据的（而且确实给苏联农业带来了灾难性的后果），但李森科已经赢得了在 1924 年接替列宁的斯大林的青睐。李森科的理论非常符合斯大林的世界观：创造更好的环境将会改善苏联人民的生活，而这种改善将传递给后代。相比之下，瓦维洛夫的孟德尔式方法似乎完全是为了培养先天的"阶级差异"。此外，李森科是没有受过教育的农民出身，而温文尔雅的瓦维洛夫受到广泛的文化熏陶，精通至少 5 种语言，在世界各地都有朋友，人格魅力充沛。

瓦维洛夫令人怀疑地受到了西方科学界的高度评价，他不仅有胆量独立于党外与国外保持联系，而且如果外交指令干扰了他的研究，他就会无视这些指令，这些都算在了他的罪行当中。瓦维洛夫最终被撤职，并于 1939 年被禁止参加在爱丁堡举行的第七届国际遗传学大会（并被迫辞去主席职务）。代表他的是大会上的一张空椅子。1940 年 6 月，他在乌克兰的一次采集活动中被捕，被指控为美国从事间谍活动，并被判处死刑。

当瓦维洛夫在萨拉托夫挨饿时，希特勒的军队向列宁格勒推进。在入侵后的几个小时内，列宁格勒艾尔米塔什博物馆的工作人员已经开始疏散藏品，将 50 万件艺术品转移到斯维尔德洛夫斯克（今叶卡捷琳堡）的安全地带。但当时没有这样的计划来拯救瓦维洛夫的种子库，尽管有科学家们假扮成希望向军队出售粮食的农民，成功地将 20 辆卡车的货物越过德国边境偷运到了爱沙尼亚。随着德国人的逼近，科学家们把尽可能多的种子藏在地下室里，希望保护它们免受敌人的轰炸和绝望民众的攻击威胁。但这样的袭击并没有发生。与其他大约 100 万人（至少占该市人口的三分之一）一样，9 名守卫种子的科学家饿死了——他们没有煮熟吃掉这些宝贵的遗传资源。水稻专家德米特里·伊万诺夫（Dmitry Ivanov）就是其中的典型，他死在办公桌前，周围被数千包稻谷环绕。

战后，随着李森科掌权，种子库被忽视。瓦维洛夫的同事或被逮捕，或被

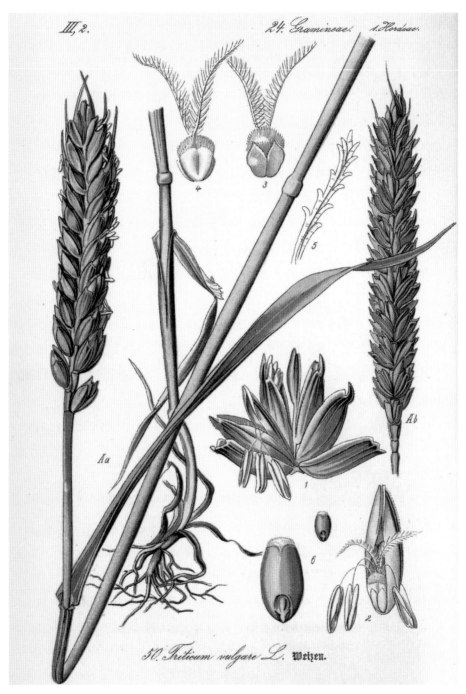

普通小麦，引自 O.W. 托梅的《德国、奥地利和瑞士植物图志》

解雇，他在官方科学记录中的名字被删除，直到 20 世纪 60 年代中期才得以恢复名誉。到苏联解体时，瓦维洛夫的 400 多个研究站已经减少到只有 19 个，其中 6 个位于俄罗斯以外的新独立国家。瓦维洛夫关于植物进化中心的理论已经被取代：尽管他确定的地方无疑是植物多样性的中心，但植物的驯化被证明比他想象的更加随机和错综复杂。

瓦维洛夫的工作从未像现在这样具有现实意义。因为当我们面对人口增长、影响人类和植物的全球性大流行病、环境退化尤其是气候变化对我们的粮食安全构成的威胁时，很明显，我们的农业迫切需要适应这些迅速变化的条件。为了养活全世界人民——更不用说减轻贫困和饥饿了——我们将需要新的改良的作物品种。我们迫切需要能够应对高温、干旱、洪水及其他极端天气的作物品种，这一趋势已经很明显。随着周围生态系统的崩溃，我们也迫切需要一种可以在不使用破坏性杀虫剂和除草剂以及过量化肥和水的情况下种植的作物。与此同时，全球重要的作物正遭受秆锈病（小麦）和木质部小菌属（橄榄）等病虫害的蹂躏，目前还没有已知的有效治疗方法。唯一的解决办法是培育出抗病品种。因此，认识和保护遗传作物的多样性从未像现在这样重要。

从瓦维洛夫首创的种子库开始，近一个世纪过去了，现在全世界有 1 700 多个种子库。但他的收藏品的命运表明，它们是多么容易受到战争、政治、忽视和资金不足的影响，更不用说地震或洪水等自然灾害了。这就是斯瓦尔巴全球种子库（Svalbard Global Seed Vault）背后的推动力。它被设想为世界种子库的终极安全网，储存了数百万粒种子副份，以确保地球上每一种重要粮食作物及其野生近亲的生存。种子被储存在斯瓦尔巴群岛一个偏远岛屿（今斯匹次卑尔根岛）上的一座山的深处，安全地高于海平面，以防止受到洪水侵扰，并由该岛的永久冻土自然冷却。（斯匹次卑尔根岛距离北极仅 1 100 千米）。到目前为止，斯瓦尔巴全球种子库已经保存了约 98.35 万个不同品种的种子，总共有 450 万到 25 亿粒种子的储存空间。它们的寿命可能从 2 000 年到 2 万年不等。

我们可以将其视作瓦维洛夫的伟大遗产。

非洲大陆和马达加斯加

在各大洲中，非洲拥有最悠久的植物狩猎历史——有记录以来的第一次植物狩猎探险就发生在非洲之角，目的是寻找神秘的非洲树"ntyw"。根据传说，咖啡是在9世纪的埃塞俄比亚由一位牧羊人发现的，并在某个时候被急于从一项有利可图的贸易中获利的也门商人从埃塞俄比亚带走：到16世纪初，咖啡成为土耳其、埃及和中东各地的首选饮料。到了17世纪，大量的观赏性植物从南非经由荷兰在非洲大陆顶端的新定居点涌入欧洲，莱顿和阿姆斯特丹的植物园在接下来的100年里成为传播非洲植物的主要中心。到了17世纪90年代，离开非洲西海岸的奴隶船也为牙买加的汉斯·斯隆等收藏家运送了植物标本，这些藏品后来成为大英博物馆的基础。地中海气候的好望角也为一些最早的英国植物猎人提供了丰富的植物资源；从19世纪中期开始，五颜六色的苗床在欧洲花园中流行起来，正是南非提供了当时最新的必备植物。

然而，非洲的大部分植物区系仍未被探索。拿破仑在他的埃及远征（1798—1801年）中雇用了一位植物学家，19世纪中期，如德国植物学家古斯塔夫·曼（Gustav Mann）这样的勇敢者，冒险进入非洲西部——这里被准确地称为"白人的坟墓"。但直到20世纪中叶，人们才真正开始系统地对非洲热带地区进行植物考察——近几十年来，随着人们逐渐认识到热带地区对全球生物多样性的重要性，这一努力得到了推动。邱园于2020年发布的最新《世界植物和真菌状况报告》（State of the World's Plants and Fungi report）估计，世界上每五种植物中就有两种濒临灭绝：在非洲，由于仍有如此多物种丰富的栖息地有待研究，那些濒临灭绝的植物幸存的概率就更小了。

今天的植物猎人大多不再寻找观赏性植物：他们的任务是在它们被灭绝之前找到更多可靠存在的新物种（特别是地方特有物种）。第一步是与当地植物学家合作，识别、绘制地图并保护他们的植物资源，邱园正在其中发挥重要作用。几个世纪的殖民统治、长期的冲突和政治不稳定阻碍了许多非洲国家发展植物科学，例如，几内亚在2005年之前一直都没有国家植物标本馆——而植物标本馆是研究任何国家植物区系的起点。

早在1771年，法国博物学家菲利贝尔·科梅尔贡（Philibert Commerçon）就曾指出，马达加斯加岛是今天公认的生物多样性热点地区，是博物学家的乐土，到处都有不同寻常的奇妙物种。几内亚、喀麦隆、安哥拉和莫桑比克的年轻植物学家们已经表示，他们国家的热带雨林中的植物资源同样令人兴奋。

乳香
——神秘蓬特的芳香之泪

学名：乳香树属（*Boswellia*）

植物学家：哈特谢普苏特（Hatshepsut）

地点：索马里

年代：公元前 1470 年

有记录以来的第一次植物采集探险是由一位女性策划的。伟大的埃及法老哈特谢普苏特是已知的第二位女性君主，大约在公元前 1470 年，她派遣一支部队到传说中的蓬特之地（Land of Punt）寻找香树——最有可能就是阿拉伯乳香树（*Boswellia sacra*）。学者们对蓬特之地究竟在哪儿仍存争议，可能是在当代的厄立特里亚或索马里。（乳香树属物种最常见于索马里北部的沿海山区，那里有生长茂密森林的自然条件。）但不管他们到了哪里，她的采集家们最终带回了 31 棵活树，据说这些树排列在通往哈特谢普苏特于古代底比斯的代尔埃尔-拜赫里（Deir el-Bahari）为自己建造的宏伟墓地的大道两旁。

然而，这些树不仅仅是用来装饰的，比如没药和乳香这类的芳香树脂，在埃及的宗教仪式和医学应用中非常重要，特别是木乃伊制作。哈特谢普苏特的任务不仅是开辟有用的海上贸易路线，还包括在埃及境内建立起这种有价值商品的生产基地——这是已知的最早的植物经济学例子。

哈特谢普苏特对这次探险非常满意，并将其记录在她的墓室墙上。一系列的壁画和浮雕展示了这样一个场景：五艘船出发，抵达蓬特，然后带着一船"来自'上帝之国'的可爱植物"返回，这些植物的根被仔细地保存在篮子里，还有成堆的没药、金环、乌木和象牙。

后来，作为基督在主显节时神性的象征，乳香在基督教信仰中变得重要起来，并持续作为基督教崇拜的一部分而存在：燃烧乳香树脂的甜蜜烟雾为罗马天主教、英国圣公会和希腊东正教的弥撒提供了神圣的气味。它还深受香水制

Burseraceae.

Boswellia Carterii Birdw.

一些乳香树属植物可以生产芳香树脂，包括也生长在索马里北部的阿拉伯乳
香（*B. carteri*）。引自 F.E. 科勒所著的《科勒药用植物》，1887 年

迪奥斯科里季斯的阿拉伯语版本的《药物论》中的乳香树，987—990 年。
Heritage Image Partnership Ltd / Alamy Stock Photo

乳香

造商们的喜爱，并且在其他医学领域中也正变得越来越受欢迎，据称乳香油可以治疗从关节炎到黑色素瘤的各种疾病。长期以来，它一直是传统中医的一味药材，而罗马博物学家老普林尼则认为它是毒芹中毒的解毒剂。

　　几千年来，人们都是通过切开树干，刮掉渗出的汁液来持续收获乳香的，这些汁液会硬化成金色树脂的"眼泪"。在乳香树的一生中，这种操作可以重复9到10次，而不会产生不良影响。然而，在过去的10年里，过度采割使许多野生种群极易受到病虫害的威胁，并导致商业种植的乳香濒临灭绝。埃塞俄比亚各地的乳香树正在以惊人的速度死亡，埃塞俄比亚是大多数商业乳香的产地。更令人担忧的是，2019年7月公布的一项调查预计，未来15年，产乳香的树木数量将减少50%。科学家们研究了乳香树在其地理范围内的23个种群，发现其中四分之三的种群几十年来没有自然更新——树苗要么被森林大火烧毁，要么被牛吃掉，而成熟的树木由于被过度采割而营养不良，产生可育种子的能力越来越差。他们的结论是，如果没有共同努力的保护措施——包括用栅栏将树木与牛隔离开来、砍伐出防火林带以及更精细地采割，世界上一半的乳香产量将在未来20年内化为乌有。

在索马里采集的阿拉伯乳香树标本，保存于邱园

177

豹皮花

——奇臭无比腐肉花

学名：豹皮花属（*Stapelia*[1]）

植物学家：弗朗西斯·马森

地点：南非

年代：1796 年

非洲好望角上的开普敦最初名为"Kaap"，是荷兰东印度公司的一个食品补给站，成立的目的是给该公司往返荷属东印度群岛的香料船提供服务。1624年，一位荷兰传教士于斯特斯·赫尔纽斯（Justus Heurnius）绘制了人们所知的第一批开普敦植物的图画，其中包括一种奇特的、臭气熏天的星形肉质植物，这就是后来的豹皮花。

将近 50 年后，德国出生的植物学家保罗·赫尔曼（Paul Hermann）访问了开普敦；在他去世几年后，约瑟夫·班克斯买下了他的书。可能是这些原因，也可能是他自己乘坐"奋进号"返回英国途中在开普敦短暂的植物考察经历，促使班克斯决定——邱园第一位派出的官方植物猎人应该从南非开始采集植物。

他选择的人是弗朗西斯·马森，一位在邱园当园丁的"苏格兰园艺好手"。1772 年 10 月，马森登陆开普敦，他发现自己来到了一个花卉天堂。当初被惊奇的苏格兰人热切探索的好望角植物区系界如今已被公认为世界遗产，是世界六大植物区系界中面积最小但种类最丰富的一个。没有其他国家能在花卉的美丽、丰富性和多样性方面与南非相提并论。在那里生长的 2.25 万种植物中，约有 1.65 万种只分布于此；仅好望角世界遗产地——世界上已知的植物物种最集中的地方——就拥有 9 600 种（其中 70% 是特有物种）。（它最接近的竞争对手——南美热带雨林——的物种数量只有它的三分之一。）在这里，马森采

---

1 *Stapelia* 旧指豹皮花属，现已改名为犀角属。由于很多豹皮花属物种还是沿用以前的拉丁语名称，因而此处沿用豹皮花属旧名。——编者注

现名为杂色豹皮花（*Orbea variegata*）的豹皮花属植物，引自 H.C. 安德鲁斯（H.C. Andrews）《植物学家的新奇和稀有植物资料库》（*Botanist's Repository for New and Rare Plants*），1816 年

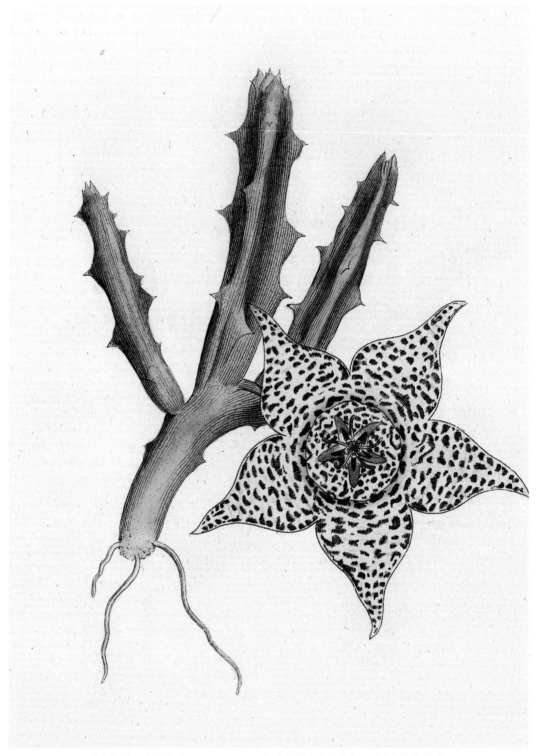

由詹姆斯·索尔比（James Sowerby）绘制的杂色豹皮花，引自《柯蒂斯植物学杂志》，1816 年

豹皮花

集了一些有史以来最壮观的植物——火炬花和百子莲，五颜六色的欧石南和庄严的帝王花，令人惊叹的绿花谷鸢尾（*Ixia viridiflora*）和异国情调的鹤望兰（*Strelitzia reginae*），班克斯以乔治三世的皇后的名字命名后者，她曾是梅克伦堡-施特雷利茨的索菲·夏洛特公主（Princess Sophie Charlotte of Mecklenburg-Strelitz）。

更不寻常的是，马森在如今的东开普省的森林中发现的"棕榈"，其中一种具有粗壮的茎，高达 3.6 米；"另一种没有茎，叶子具浅齿，平卧于地面，结出一个长约 18 英寸（45.72 厘米）、周长 1 英尺（30.48 厘米）或更多的大型圆锥状球果"。这是他第一次见到苏铁，一种可以追溯到有花植物（被子植物）出现之前数百万年的原始植物。他收集的平卧苏铁——现在被称为南非大凤尾蕉（*Encephalartos altensteinii*），仍然在邱园的棕榈温室内茁壮成长，被认为是世界上最古老的盆栽植物。它唯一一次长出圆锥状球果是在 1819 年，身体状况不佳的班克斯还专程为了看它最后一次造访邱园。

在三年的时间里，马森进行了三次艰苦的内陆之旅，后两次是在劲头十足的卡尔·彼得·桑伯格的陪同下进行的，桑伯格是一位瑞典植物学家，曾师从林奈。1775 年，桑伯格继续前往日本，马森则带着大量植物回到英国，这些植物采集自雾蒙蒙的山顶、干燥的沙漠、冬天贫瘠的山丘，以及他所见过的"装饰着最多鲜花"的翠绿平原。次年发表在《皇家学会哲学汇刊》（*Philosophical Transactions of the Royal Society*）上的一篇简短的报告显示，他们是如何九死一生地从狮口逃生、逃离河马洞、避免掉下悬崖及在沙漠中断水数日后渴死的。这也是第一次对开普敦南部和西南部植物的详细描述。

班克斯对如此"巨量的植物"欣喜若狂，他指出，通过马森的努力，"邱园已经在很大程度上具有了公认的优越性，现在它比欧洲所有类似的机构都要出色"。马森的发现引发了人们对开普敦植物的狂热，这些植物从富人的温室蔓延到穷人的窗台：在他去世后的几年里，曾经是收藏家稀有藏品的天竺葵装饰在"每一栋阁楼和平房的窗台"上，而"每个温室中都绽放着无数来自开普敦的球茎类花卉和灿烂的欧石南花"。

　　1778 年，班克斯将他的明星采集家马森送往另一个方向，途经马德拉、特内里费岛和亚速尔群岛前往加勒比海地区。马森空手而归，1779 年法国人入侵格林纳达时他不幸被囚禁，后来一场摧毁圣卢西亚的飓风让他失去了一切。两年后，他第三次前往葡萄牙、西班牙和北非，情况要好得多，但到了 1785 年年末，他又回到了去开普敦的路上。他知道，"这个国家仍然有一大批新植物，特别是肉质植物"。

　　一到开普敦，马森就受到了怀疑。英国人和荷兰人之间的关系变得紧张起来，被怀疑是间谍的马森发现，他被禁止在距离大海 3 小时路程内的任何地方进行探索。这让班克斯感到很沮丧，他写信命令马森坚守在海岸上，但这并没有使马森感到气馁，因为他在之前的探险中已经对内陆干旱地区的特殊植物区系产生了兴趣。他注意到原住民是如何在没有草的地方饲养羊群的，并了解到"他们的羊从来不吃草，只吃肉质植物和各种灌木，其中许多植物都有芳香味，给它们的肉带来了极好的味道"。人们对肉质植物知之甚少，因为"肉质植物很难被干燥保存成标本，植物猎人只能通过现场对它们进行绘画和描述"。但马森在他的最后一次旅行中无法做到这一点；他需要在拉车的牛因脱水而倒下之前匆忙赶路，他只采集了"沿路所发现的生物，总共有 100 多株以前从未描述过的植物"。这足以让他着迷于豹皮花错综复杂的海星形状花朵的魔力。

　　马森在南非度过了接下来的 9 年，在此期间，他成为该属植物方面的权威。他把活体植物材料寄回邱园，随后又寄去急件询问它们的健康状况，1795 年回到英国后，他很高兴地发现它们长得很结实。在接下来的两年里，他出版了一本由四部分组成的关于该属物种的专著，名为《豹皮花属新类群》（*Stapeliae Novae*），描述了 41 个物种，其中 39 个是科学上新发现的物种，每个物种都配有基于他自己的手绘草稿完善而成的彩色插图。

　　自马森时代以来，该属的物种一直被添加和细分：如今，豹皮花属由大约 29 个非洲物种组成，主要分布在纳米比亚和南非的干旱地区，最常见于山区。这种花通过伪装成腐尸来吸引苍蝇，身体上覆盖着质地与动物皮肤相似的细毛，并散发出腐烂的恶臭气味，这为它们赢得了当地俗名"腐肉花"。这种花朵的欺

豹皮花

骗效果极强，以至于苍蝇经常在花中产卵。[有一些开着芬芳花朵的豹皮花属物种，如直立豹皮花（S. erectiflora）和妖星角（S. flavopurpurea），但它们很罕见。] 五角星形的花冠通常都很大：大花犀角（S. grandiflora）的花朵直径可以达到 25 厘米。这些花朵上有着十分惹人注目的大理石斑纹，尽管有蛆和难闻的气味，但至少在肉质植物收藏家中，豹皮花属的各个物种还是很受欢迎的。辛勤工作的马森 65 岁时仍不懈地在各地寻找植物，最终在加拿大的一个严冬中去世，他当然深信豹皮花的魅力。

毛冠花犀角（*Stapelia hirsuta var. vetula*），引自弗朗西斯·马森的《豹皮花属新类群》，1797 年

183

生石花

——绊倒不幸标本家的"活卵石"

学名：生石花属（*Lithops*）

植物学家：威廉·约翰·伯切尔

地点：南非

年代：1811 年

通常，植物猎人必须花很长时间努力寻找有趣的标本，但有时他们也会被这些植物绊倒，这就是 1811 年威廉·约翰·伯切尔在如今的南非北开普省进行植物考察时发生的事情。他无意中发现了一块形状奇特的"卵石"，他把它从地上捡了起来，发现它竟然是一株植物。"但不论是颜色还是外观，它都与生境周围的石头最为相似。"他总结说，这种像变色龙一样与周围环境融为一体的能力，是大自然的一种聪明策略，目的是让"这种多汁的日中花属植物（他当时是这样认为的）躲避牛和其他野生动物的注意"。

伯切尔曾惊叹于桌山上迷人的帝王花，令人眼花缭乱的针垫花群落和宝石般的灌丛植被中的鳞茎植物，但在他看来，这些被他命名为陀螺形的日中花属植物（*Mesembryanthemum turbiniforme*）的微小"活石"其实同样值得被关注。原因如下：

在上帝创造万物的庞大系统中，没有任何东西是缺少的，也没有任何东西是多余的：最小的杂草或昆虫就像我们拥有的最大物品一样，都是共同利益不可或缺的必需品……如果仅仅因为自然界中的某一事物宏大就钦佩，或仅仅因为它的微小而轻视它，那么这种行为无疑表明这个人心胸狭隘，思想狭隘：没有什么比把一切对人类没有明显益处的事物都视为无用东西更错误的了。

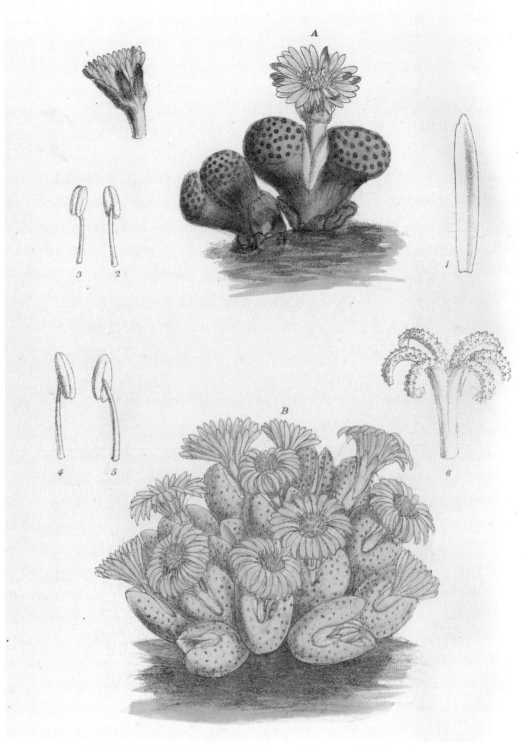

两种人工栽培的生石花，微纹玉（*Lithops fulviceps*，异名 *Mesembryan-themum fulviceps*）和少将（*Conophytum bilobum*，异名 *Mesembryanthe-mum elishae*），引自《柯蒂斯植物学杂志》，1818 年

　　显然，伯切尔不是一个普通的植物猎人，他关心的是他发现的东西是否有用或是否值得园艺种植。旅行"完全是为了获取知识"，像洪堡和达尔文一样，他感知到大自然的相互关联性和适应性，在这个进化论出现之前的时代，他将其归功于"伟大创造力量"的"全知全能"。

　　1781 年，伯切尔出生于富勒姆，父亲是一位成功的苗圃主，而且在植物学上人脉深厚；英国皇家植物园首任园长威廉·杰克逊·胡克爵士是他的朋友和导师。1805 年，伯切尔驶往遥远的大西洋岛屿圣赫勒拿岛，当时圣赫勒拿岛是英国东印度公司船只的重要中转站，经常被用作东方的异国植物返回欧洲途中的植物医院。他的计划是经商，但创业失败了，他不得不做一名教师，这是一份"令人不快的"工作，与他的意愿背道而驰。他更喜欢植物学，1807 年，他开始为圣赫勒拿岛建造一座新的植物园。圣赫勒拿岛上的本土动植物由于森林砍伐和引进山羊的放牧而大量消亡（据估计，如今只有 1% 的本土植物得以幸存），伯切尔开始尽其所能地拯救这些动植物。但在几个月内，岛上任命了一名新总督，他坚持把这座草创阶段的花园变成葡萄园。对伯切尔来说，地平线上唯一的阳光就是他的未婚妻即将从英国到来。然而，当这位女士抵达时，她已经爱上了她所乘坐的那艘船的船长并嫁给了他。心碎的伯切尔在圣赫勒拿岛一直坚持到 1810 年，当得知开普敦殖民地需要一名植物学家时，他抓住了这个机会，认为这是一个"更光明的前景"。

　　由于一如既往的厄运，伯切尔在这个新的英国殖民地并没有找到一份工作。然而，他在南非度过了后来的 5 年，并于 1811 年开始了一次史诗般的探险，行程 7 000 千米，大部分是在崎岖和未被探索的土地上。他还收集了 6.3 万件标本，其中有 5 万件是植物、种子和球茎（后来呈交给英国皇家植物园），每一件都附有笔记，上面有大量注释和收集地点的准确细节——这对今天研究气候变化的科学家来说是一个福音。他还收集了动物和人类学方面的标本，并对定居者和"科伊科伊人"社会进行深刻的观察。"对我而言，"他写道，"几乎所有真正的非洲的东西都很有趣。"

　　伯切尔花了 10 年的大部分时间来完成他的游记——1822—1824 年出版的

伯切尔在《南非内陆之旅》（*Travels in the Interior of Southern Africa*）中
的插图，展示了在莱克河扎营的桑族狩猎采集者，1822 年

红翠玉（*Conophytum truncatum*，异名 *Mesembryanthemum truncatellum*），
引自《柯蒂斯植物学杂志》，1874 年

生石花

《南非内陆之旅》，并整理他的发现。但 1825 年，伯切尔又去了巴西进行探险，在那里他又收集了 2.3 万份标本。1830 年回到英国后，他似乎被他采集的大量植物标本和为它们编目所涉及的工作量压得喘不过气了，陷入了抑郁。1863 年，他试图开枪自杀。即使是这样也没成功。所以最后他在花园的棚子里上吊自杀了。

伯切尔留下了范围广泛的遗产：野石榴（*Burchellia bubalina*）、布氏斑马（*Equus quagga burchellii*）和犀牛（Burchell's rhinoceros）都以他的名字命名；石棉的首次记录；南非测绘和地质研究的里程碑；肉质植物生石花（也许这是最奇怪的），现在被归为番杏科下的一个独立属，作为室内植物被广泛种植。

据估计大约有 40 个生石花属物种生长在南非、纳米比亚和博茨瓦纳的干旱地区，但它们很难被发现，反而是新的物种不断被发现。它们的外表适应于不同的生境，从石英岩卵石堆到干燥多石的山坡、山沟或成片的开阔草原。它们可以在没有雨水的情况下存活几个月（有些物种似乎从沙漠的薄雾或露水中就能获得所需的所有水分），并能忍受极端的高温（高于 42℃）和冬季零下的低温（−5℃）。

每株植物由两片厚厚的半透明叶子组成，在地面处连接在一起，逐渐变细，形成胡萝卜状的根。为了节省水分（也有助于躲避食草动物），它们几乎完全埋在土里，只将叶尖上的一个小卵圆形"窗口"暴露在阳光下。这种地下生活方式显然对光合作用构成了挑战，但是生石花可以将穿过叶片窗口的光线集中在叶片内部含有叶绿体的细胞上，通过最小限度地暴露在恶劣环境中的方式实现最大的透光率。

一年一度的雨季时，鲜艳的黄色或白色花朵从叶间绽放，散发着芬芳，吸引着蜜蜂和苍蝇。开花后，两片叶子会萎缩、裂开，露出一对新的肉质叶子。

生石花的种子同样能很好地适应沙漠生活，可以在果实中安全保存数年，这些果实只有在遇水潮湿的情况下才会开裂。种子只有在下雨时才会被释放出来，然后利用短暂的有利条件迅速发芽。

咖啡
——流行还是灭绝？

学名：咖啡属（Coffea）

植物学家：阿龙·P. 戴维斯博士（Dr. Aaron P. Davis）

地点：埃塞俄比亚

年代：持续进行中

虽然仍有少数坚定的植物探险家——特别是肯·考克斯（Ken Cox）、丹尼尔·欣克利、罗伊·兰开斯特、布莱迪和休·温-琼斯——在地球上为我们的花园寻找新的观赏性植物，但如今大多数植物猎人是为植物园、大学或其他研究机构工作的科学家。在气候变化、水资源短缺、疾病和大规模栖息地被破坏所带来的威胁中，他们试图去了解、分类和拯救（更多的植物）。优先被考虑的是具有全球经济重要性的作物的野生近亲——为了保证地球的粮食供应，这至关重要。

奇怪的是，也许这种世界上最具经济价值的植物被更广泛地用于制作饮品而不是食品。咖啡是一种国际贸易商品，支持着数十亿美元的全球产业，并为全球约 1 亿人提供了生计。然而，咖啡产业的未来正面临着气候变化加速的威胁，干旱、洪水以及气温的季节性变化和潜在的灾难性温度上升，所有这些都导致了病虫害的蔓延。邱园的高级研究负责人阿龙·P. 戴维斯博士正在领导一项研究，以拯救这种世界上备受欢迎的饮料，从而拯救若干热带国家的经济。他目前正在与马达加斯加、埃塞俄比亚和非洲其他地区的合作伙伴一起寻找可持续发展的方法。

咖啡属植物是一类常绿的小灌木，已知有 124 个品种；然而，只有 2 个品种在全球咖啡市场上占据主导地位。世界上 60% 的商业咖啡作物是小粒咖啡（*Coffea arabica*，俗称阿拉比卡咖啡），它起源于埃塞俄比亚和南苏丹凉爽的热带高海拔森林地区。至少从 16 世纪开始，这些地区就开始种植咖啡，而且从野

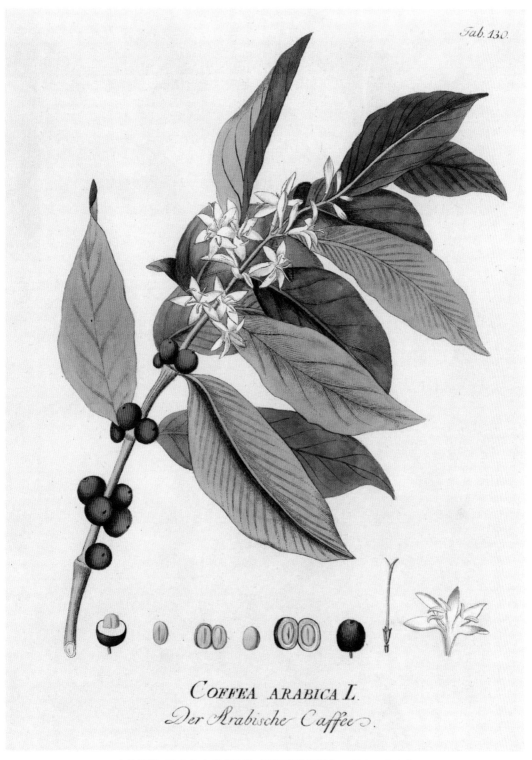

Tab. 130.

COFFEA ARABICA L.

Der Arabische Caffee.

小粒咖啡，引自 J. J. 普伦克的《药用植物图鉴》，1788—1812 年

外采集的历史很可能已有几千年。小粒咖啡通常被看作最好的咖啡，有美妙的味道、诱人的香气、自然的甜度和适中的咖啡因含量，常用来制作咖啡豆或咖啡粉。

另外 40% 主要是中粒咖啡（*C. canephora*），它来自西非和中非的热带低地区域。该物种直到 1897 年才被发现，但很快就被世界各地的农民所接受，与小粒咖啡相比适应性更强，产量更高，抗病能力更强，尤其是对咖啡叶锈病抗性良好。中粒咖啡的咖啡因含量也高得多。虽然人们通常认为它的味道很差，但它经常被掺入浓咖啡中，以增加口感，并增加上层红棕色的泡沫。中粒咖啡主要就是速溶咖啡的制作原料。第三个物种，大粒咖啡（*C. liberica*）也来自非洲热带地区，在世界各地都有种植，用作小粒咖啡和中粒咖啡的嫁接砧木。虽然它在菲律宾非常受欢迎，但在全球贸易中却微不足道。19 世纪后期，由于具有抗病能力，大粒咖啡在亚洲被广泛种植，但后来被味道更香、更容易种植的中粒咖啡所取代。

我们大多数重要的作物已经种植了几千年。但正如戴维斯所指出的那样，

马努·拉尔（Manu Lall）绘制的小粒咖啡的花和咖啡豆，这是英国东印度公司委托印度艺术家创作的公司艺术品之一，邱园收藏，19 世纪

咖啡属植物，引自 G. A. 克吕威尔（G. A. Crüwell）的《锡兰的利比
里亚咖啡》（*Liberian Coffee in Ceylon*），1878 年

Coffea arabica

小粒咖啡，引自 F. G. 海恩（F. G.Hayne）的《药用植物的实际功效和描述》
(*Getreue Darstellung und Beschreibung der in der Arzneykunde Gebräuchlichen Gewächse*)，1825 年

咖啡

中粒咖啡的案例充分展示了探索野生物种的非凡之处——一种野生植物，或者至多是一种小范围的乡土作物，在短短 120 年的时间里已经成为遍及全球的作物。谁知道其他 121 种鲜为人知的咖啡能带来什么好处呢？它们可能具有抵抗疾病、高温或干旱的有益特性，可以被引入育种计划，以使栽培的咖啡更具耐候性，或者它们可能只是味道更好。在一个日益成熟的市场中，新的优质特色咖啡可以为埃塞俄比亚等贫困国家提供宝贵的额外收入，在这些国家，咖啡是家庭收入的最大单一来源。大约有 2 000 万人依靠咖啡为生，咖啡产业目前占埃塞俄比亚出口收入的三分之一。

20 世纪早期，市场对狭叶咖啡（C. stenophylla）迷人风味的需求促使戴维斯前往西非北部的低地森林寻找该物种——一个曾经在塞拉利昂和邻国商业培育的物种，但自 1954 年以来再没有人在野外见过其踪迹。2018 年，他和同行的植物学家杰里米·哈格（Jeremy Haggar）和丹尼尔·萨穆（Daniel Sarmu）最终在塞拉利昂发现了两个极小的野生种群（其中一个仅有一株）。第二年，萨穆在塞拉利昂附近发现了近缘咖啡（C. affinis），这是另一种据说非常优质的"失踪"的咖啡，以前只在几内亚和象牙海岸（科特迪瓦的旧称）被发现过，最后一次在野外被发现是在 1941 年。这两个物种都受到伐木和采矿的直接威胁。

这对戴维斯来说并不意外，他在邱园的研究团队已经证实，世界上至少有约 60% 的咖啡品种（124 种中的 75 种）面临灭绝的威胁。其中还包括小粒咖啡，它现在作为濒危物种出现在世界自然保护联盟濒危物种红色名录上。野生种群和栽培种群都处于危险之中，因为这种对气候敏感的物种生活在海拔 950 米至 2 000 米的凉爽潮湿的山地森林中，难以应对气温上升和降雨量减少的问题。事实上，据预测，到 2088 年，埃塞俄比亚的野生咖啡种群将仅因气候变化的影响而灭绝。这还不算危及所有咖啡物种的因素——包括栖息地丧失或退化（咖啡对生长地点非常挑剔，在不理想的条件下不容易再生）、伐木以获取木材或燃料，以及人类入侵破坏森林，导致种群过小且孤立而无法生存下去。栽培的小粒咖啡也受到威胁，因为虽然有 30 多个国家种植该物种，但可供选择的品种很少。（这些品种通常是栽培过程中为了某些理想的特性而选择培育出来的。）遗传多样性的缺乏使这种作物极易受到病虫害的影响，对不断恶化的气候条件和极端天气几乎没有防御能力。更糟糕的是，目前还没有安全备份措施，因为事实证明传统的种子库中不可能成功地储存咖啡种子。因此，将植物作为一种活体资源加以保护势在必行。

戴维斯坚称，时间至关重要，因为他认为最有可能帮助培育抗病品种的众多野生物种都是面临灭绝风险最高的物种。有几种已经一个世纪或更长时间没有出现过了，很可能已经灭绝了。戴维斯在发现（和重新发现）咖啡物种方面创下了纪录——仅在马达加斯加就发现了 20 种。他坚称，功劳应该归功于他的非洲同事，他们比他更善于在茂密的丛林中定位不同寻常的咖啡树。他的长期合作伙伴是马达加斯加植物学家弗兰克·拉托纳索洛博士（Dr. Franck Raotonasolo），他不假思索地乘坐大巴车完成了 960 千米的旅行，然后进行半天的丛林徒步旅行，就是为了获取一份消失已久的安博格咖啡（*C. ambogensis*）的标本——一种自 1841 年以来就再没人见过的植物。当他乘坐的大巴车在回家的路上翻车时，受伤的植物学家首先关心的是如何拯救植物，并把它送到邱园进行鉴定。事实上，这就是安博格咖啡这个物种，连同在马达加斯加的另一个发现——博宁咖啡（*C. boinensis*），拥有世界上最大的咖啡豆，其大小是小粒咖啡豆的 2 倍。

咖啡的味道既取决于其内在品质，也取决于加工过程。咖啡树结出的红色（有时是黄色或紫色）小核果被称为"咖啡樱桃"，在大多数地方，这些果实仍然是手工采摘的。果实内部有两颗种子嵌在柔软、甜美、黏稠的果肉中（植物学术语中的"中果皮"），每颗种子都被包裹在一层被称为内果皮的脆皮里。通过干燥或碾磨，去除外果皮、中果皮和内果皮（果肉可以食用），留下绿豆状的种子，再进行清洗、干燥和分级。这些咖啡种子经过烘焙，就生产出了我们熟悉的芳香棕色咖啡豆。

烘焙被视为一门像酿酒一样精妙的艺术，事实上，咖啡鉴赏家可以像品酒师们一样充满激情地谈论他们最喜欢的混合咖啡。咖啡专家使用的感官描述性词汇和品酒师使用的一样复杂——最好的咖啡，就像最好的年份酒一样，可以卖出惊人的价格。对于咖啡新手来说，面对令人眼花缭乱的不同风味，一段新的发现之旅就在眼前！

《咖啡的叶、花和果实，牙买加》（*Foliage, flowers and fruit of the Coffee, Jamaica*），玛丽安娜·诺斯绘制，1873 年

凤凰木
——遮阴红楹

学名：凤凰木（*Delonix regia*）

植物学家：文策斯拉斯·博耶尔（Wenceslas Bojer）

地点：马达加斯加

年代：1829 年

马达加斯加岛是世界上第四大岛，一直以来都被称为世界上生物多样性最丰富的热点地区。它在 1.6 亿年前与非洲大陆分离，在 7 000 万年前至 9 000 万年前与印度分离，这种长期的地理隔离发展出了其独特的动植物区系。该岛独特的地质、地理条件以及栖息地为众多物种提供了在隔离状态下演化和多样化的机会，从而产生了极为丰富的野生生物资源，其中绝大多数物种是地球上其他地方所没有的。

根据最近一次统计（总有新物种被发现），马达加斯加岛有近 1.13 万种本地特有植物。大约十分之一是兰花。在岛上的植物中，83% 是特有的，包括 5 个木本植物科和 306 个属。这里的棕榈树特别丰富，棕榈种类是整个非洲大陆的 3 倍，而在已知的 8 种神奇的猴面包树属（*Adansonia*）植物中，有 6 种是马达加斯加特有的。（猴面包树已被提名为马达加斯加的国树。）

不可避免的是，这些植物的分布区域有限，以致许多植物受到了威胁，主要是由于刀耕火种的农业开发使大片森林被砍伐。（事实上，最新发现的植物在被描述的那一刻就经常面临灭绝的危险。）森林被焚烧，木头变成木炭用来做饭，其余的植被被焚烧用于施肥，被施肥的土地通常用来种植玉米或水稻。几年后，土壤养分耗尽，于是农民们迁往下一个林地。人们继续烧毁植被，以维持用于放牧牛群的草场。但这绝不是唯一的威胁。人们认为，猴面包树种群的突然灭亡是气候变化的结果，而研究人员担心的是那些无法传播种子的植物的命运。奇怪的是，马达加斯加缺少以果实为食的鸟类，这个生态位被狐猴占据

山中麻须美绘制的凤凰木，引自《柯蒂斯植物学杂志》，2020 年。© Masu-mi Yamanaka

Pub by S.Curtis, Walworth, Feb.l 1. 1829.

凤凰木的最初（"模式"）插图，根据其发现者文策斯拉斯·博耶尔的草图绘制而成，引自《柯蒂斯植物学杂志》，1829 年

了。但有些植物，例如一些棕榈树和猴面包树，结出的种子太大，狐猴无法食用。人们认为，这些果实曾经是由一些现已灭绝的生物传播的，如长得像树懒的巨型狐猴、侏儒河马、巨型陆龟和传说中的象鸟——一种最后一次出现在17世纪的长得像鸵鸟的生物。

自19世纪80年代开始，邱园一直在研究马达加斯加的植物，一个世纪后，邱园马达加斯加保护中心（Kew Madagascar Conservation Centre，KMCC）在首都塔那那利佛成立。该组织积极参与了大量保护项目，鼓励农民种植更多的山药，为防止野生种群灭绝而保存种子，等等。迄今为止，塔那那利佛的一个种子库中保存了约7 000份种子（来自3 000个物种），英国邱园的千年种子库也进行了备份。然而，一些雨林物种已被证明几乎不可能从种子中培育出来，因此有必要保护植物园中的活植物——植物园是一个活的种子库，岛上的森林将来可能会从这里恢复。

值得庆幸的是，并非马达加斯加所有的植物都处于危险之中。1829年，捷克植物学家文策斯拉斯·博耶尔为华丽的凤凰木绘制了插图，他曾在马达加斯加进行采集，到19世纪末，凤凰木已广泛分布在热带地区。原因很简单：它是一种宏伟的庭荫树，高9~12米，树冠呈伞状，冠幅可达18~21米。在旱季或凉爽的冬季，这种树会脱落类似含羞草的复叶，但其他时候是常绿的。它最耀眼的部分是它的花——一大串艳丽的猩红色花朵，每一朵直径大约有10厘米，会让人完全笼罩在一片怒放的花冠中。随后它们会结出巨大的、扁平的、悬垂的果荚，长达60厘米。

这种树早已在马达加斯加岛被广泛种植，但直到20世纪30年代其野生种群才在该岛西部的干旱森林中被重新发现，那里的栖息地越来越分散。如今这种备受人们喜爱（只有澳大利亚把其当成杂草）的树已被移植到了许多热带和亚热带地区。但为了保险起见，它的种子仍被保存在马达加斯加的种子库里。

裸盖檀

——"房间里的巨树"

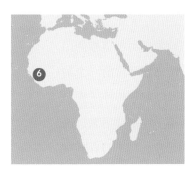

学名：奇氏裸盖檀（*Talbotiella cheekii*）

植物学家：赞德·范德布格特（Xander van der Burgt）

地点：几内亚

年代：2017 年

几乎不可想象，一棵高达 24 米、挺拔的树干直径达 83 厘米、盛开着耀眼的红白两色花朵的巨型雨林乔木，怎么会直到 2017 年才正式被科学界发现呢？更不要说它并不是只有一棵，而且就生长在几内亚首都科纳克里的郊区离主干道只有几米远的茂密树林中。

这个案例凸显了植物狩猎的核心难题。因为几内亚科纳克里地区的人们对这种树非常熟悉，在那里的苏苏语中，它被称为"*Linsonyi*"。它还有一个更具有描述意义的名字"*Wonkifong wouri khorohoi*"，意思是"来自瓦奇方的硬木树"——在 1753 年之前，所有植物都是这样被描述的，随后林奈发明了更简洁的双名法，如今科学家们都在使用这种命名法则。2018 年，邱园的研究人员赞德·范德布格特将其学名命名为"*Talbotiella cheekii*"。布格特以他的领导马丁·奇克的名字命名，奇克是邱园非洲大陆和马达加斯加团队的领导，并在过去 20 年里一直在研究几内亚和喀麦隆的植物，深度参与建立新的保护区来保护快速消失的植物。只有当一种植物被正式"发现"并被描述后，它才有可能被列入世界自然保护联盟濒危物种红色名录，并被给予保护地位。只有这样，才有可能制订接下来的管理和保护计划。

几内亚的濒危物种的比例高得惊人，奇氏裸盖檀也像其他众多植物一样被列为濒危等级。几内亚是西非植物种类最丰富的国家之一，大约有 4 000 种维管植物。目前有 270 多种物种面临灭绝的危险，其中包括 74 种已知的所有本地特有种（只生长在几内亚）。许多植物因露天采矿而遭到破坏：几内亚生产的铝

Flora of Guinea-Conakry

Herbarium, Royal Botanic Gardens, Kew, UK

Leguminosae-Detarioideae

Talbotiella cheekii Burgt

Det by: X.M. van der Burgt, 9 December 2017

Guinea, Coyah Prefecture, at the checkpoint near Pont KK
Lat.Long: 9° 45' 05.5" N, 13° 21' 27.6" W   Alt: 150 m
Vertical sandstone cliff, 50 m above stream.

Tree, 12 m high, stem 63 cm diameter at 1.3 m. Stem fluted.
Flower sepals white, pedicel pink. At least 10 trees present
here, on the vertical cliff. This is the only tree seen in flower;
the tree was badly damaged by fire, most branches were
dead, the last living branches were flowering. Wood sample at
K, a section of a 6 cm thick branch.

Burgt, X.M. van der 2188
With: Laura Jennings, Gbamon Konomou, Pepe Haba

9 December 2017
Dups: B, BR, G, HNG, K, LISC, MO, P, PRE, SERG, WAG
Additional material: Photos   See wood sample

赞德·范德布格特于 2017 年在几内亚采集的奇氏裸盖檀的标本，邱园收藏

土矿占世界总产量的 15%（占非洲总产量的 95%），还有铁、铜、铀、钻石和黄金。据估计，到 1992 年，几内亚约 96% 的雨林已经被不可持续发展的刀耕火种式农业或畜牧业所破坏。在发现奇氏裸盖檀的低地地区，只剩下一些破碎的林地——聚集在十几个陡峭的岩石冲沟里，迄今尚未被开发成住房。邱园的研究小组在外出考察之前，会先利用谷歌地球搜索这些森林遗迹来寻找线索。

奇克认为，包括 25 种特有植物在内的 35 种几内亚最稀有的植物，可能已

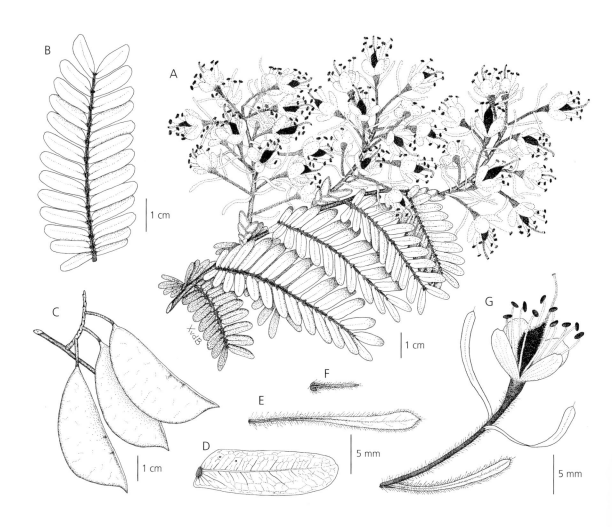

赞德·范德布格特绘制的奇氏裸盖檀，2018 年。©Xander van der Burgt

经灭绝了，比如 2019 年在库库塘巴瀑布发现的库库塘巴倒河杉（*Inversodicraea koukoutamba*），因一个水电项目而被摧毁；2018 年在邻国塞拉利昂发现的一种全新的属被认为遭遇了类似的命运。另一种特殊的瀑布植物——瀑布香草（*Lebbiea grandiflora*），是在研究人员对一座新大坝进行环境影响评估时被发现的，它特别适合附着在急流中裸露的岩石上，但这种特殊生境并没有让它得到拯救。一年后人们又发现了第二个居群，但不幸的是，这一个居群是在同样遭此厄运的库库塘巴瀑布附近被发现的。

奇克坚持认为，在这些植物消失之前找到它们是很重要的，这不仅仅是出于对科学的好奇，还因为它们可能对人类有益。他提到冈星花（*Kindia gangan*），这是一种迷人的小灌木，开着钟形的白花，是在几内亚金迪亚附近的砂岩悬崖上被发现的。它明亮的橙色花粉中被发现含有 40 多种不同的三萜类化合物，这是一种已知具有抗癌特性的化合物。

虽然人们还不知道奇氏裸盖檀有哪些药用价值，但传统上它被推荐用于"移除已认罪的巫师身上的魔法力量"。它是豆科植物中的一员，是同属植物中地理分布最靠西部的，而同属其他植物主要生长在喀麦隆和加蓬。这绝不是赞德·范德布格特在非洲雨林中发现的第一种大乔木：他在喀麦隆发现了更多的大型豆科植物。克鲁彭凤逸檀（*Berlinia korupensis*）是奇氏裸盖檀的 2 倍高，结出 30 厘米长的豆荚，而纽氏大瓣苏木（*Gilbertiodendron newberyi*）可以长到 50 多米高，树干的直径接近 2 米。像裸盖檀一样，这些物种通过弹射种子进行传播，也就是干燥的豆荚会爆炸，种子会以高速向四面八方飞去。

在与当地植物学家的合作下，范德布格特已经描述了 14 余种新的雨林乔木。这比你想象的要难。要想识别这些树冠远高过头顶的大乔木，需要无所畏惧的登山风格的攀爬技巧以获取枝叶材料；而且在看不到花朵还无法准确鉴定其身份的情况下，花朵很可能就令人沮丧地稍纵即逝了。奇氏裸盖檀的花朵就是在旱季结束时突然出现的，并且花期只有短短的四五天。

北美洲

1519 年，西班牙征服了后来成为墨西哥的地方，彼时阿兹特克人正统治着北美南部。入侵者不仅发现了陆地上的热带植物天堂，还发现了复杂的农业耕作方法（如"浮动园地"），巨大的皇家狩猎公园，以及整洁有序的城市，城市中点缀着繁茂的公园和花园，包括植物园。西班牙人系统性地摧毁了这一切，但一些偶然的农作物，如玉米、西红柿和土豆，以及一些观赏性植物，如金盏花、西番莲、荷包豆（又称红花菜豆，最初是为了观花而种植的）和晚香玉几乎立刻就传回了欧洲。在 1597 年的英格兰，草药学家约翰·杰勒德声称种植了一株 4 米高的向日葵——它原产于南美洲，但在墨西哥的阿兹特克地区被广泛种植。到 1627 年，伦敦药剂师约翰·帕金森（John Parkinson）已经能够记录美人蕉（*Canna indica*）、木曼陀罗属（*Brugmansia*）植物和仙人掌了。到 17 世纪末，晚香玉已经成为路易十四的凡尔赛宫花坛中的宠儿。

与此同时，约翰·帕金森的好朋友老约翰·特拉德斯坎特从 1607 年英国在北美东海岸建立的新殖民地弗吉尼亚收到了他的第一批种子。他的儿子后来到访殖民地，他们引进了一些最受欧洲喜爱的花园植物。但是直到 18 世纪早期，北美的植物才真正对欧洲产生了影响，当时欧洲人急切地寻求北美的乔木和灌木用于装饰英国自然风景式园林风格的新时尚花园。这些主要是与美国东部泥炭沼泽有关的开花灌木，如山茱萸、山月桂、枫香树、北美木兰属和最早的杜鹃。这些植物最初是通过贵格会成员的朋友网络传播开的。在他们的生活中，没有音乐、戏剧、大多数视觉艺术以及如小说和冒险故事等"有害"书籍，于是博物学和园艺，为追求美和知识乐趣的心灵提供了一个可接受的来源。来自费城殖民地贵格会的美国园艺师与彼得·柯林森和约翰·福瑟吉尔博士（Dr. John Fothergill）等英国植物采集家分享了植物种子，并通过伦敦苗圃商詹姆斯·李使苗圃贸易得到了新的快速发展。

新生美国的扩张促使刘易斯（Lewis）和克拉克在 1804 年对密西西比河以西的土地进行了植物探险，开辟了西北部的太平洋沿岸地区。从这里，高大的针叶树开始再次改变欧洲景观的面貌，不仅在园林方面，在商业林业方面也是如此。

大丽花

——从3种到58 000变种

学名：大丽花属（*Dahlia*）

植物学家：弗朗西斯科·埃尔南德斯（Francisco Hernández）

地点：墨西哥

年代：1577 年

很难相信，如今颜色艳丽、形态各异的大丽花，从娇美的小花到花椰菜那么大的精致花球，都起源于墨西哥高原上生长的三种杂草。它们是菊科（Asteraceae）植物的一员，与秋英属（*Cosmos*）、金鸡菊属（*Coreopsis*）和鬼针草属（*Bidens*）关系密切，中美洲共分布有35个物种。大多数是生长在开阔土地上的中型多年生植物，但帝王大丽花（*Dahlia imperialis*）可以长到6米高，而稀有的马克杜加利大丽花（*D. macdougalii*）是一种雨林附生植物（一种非寄生植物，生长在另一种植物上以获得物理支持）。它们的空心茎可用来储存水分，据说美洲印第安人会食用它们的淀粉块茎，但正如一直好奇的弗朗西斯科·埃尔南德斯所描述的那样，它们的味道很难闻，而且味道很苦，可能只是在极端时期才会被食用。

几个世纪以来，人们一直认为，第一个关于大丽花的植物学描述是由埃尔南德斯做出的，他是西班牙国王腓力二世（Philip II）的私人医生，也是1570年第一位访问美洲的训练有素的博物学家。事实上，这是第一次有统治者以纯粹的科学目的将博物学家派往国外：埃尔南德斯负责收集植物和可能会对西班牙有医学价值的当地本草知识。历时7年，埃尔南德斯走遍墨西哥，开展植物调查并收集标本，在医院工作，向当地的萨满和医师学习本土医学，有时还在自己身上测试他们的治疗方法。埃尔南德斯自学了纳瓦特尔语（阿兹特克人的语言），他对自己所收集的3 000株植物中的大多数完全不熟悉，所以他没有试图将它们归入任何欧洲分类系统，而是像阿兹特克人那样将它们归类为简单的

玛蒂尔达·史密斯绘制的帝王大丽花，引自《柯蒂斯植物学杂志》，1899 年

木本植物或非木本植物，并给它们起了纳瓦特尔语名称。他描述了愈创木、香脂、檫木、曼陀罗、佩奥特掌、烟草和可可的治疗用途——在欧洲，每一种药物都会（尽管短暂地）被誉为灵丹妙药。埃尔南德斯被认为是将玉米、香草、西红柿和辣椒引入欧洲饮食的功臣。与他同行的还有三位当地艺术家，他们受雇于描绘如洪水般涌现出的各类新植物和许多新动物，其中包括第一幅犰狳的

西德纳姆·蒂斯特·爱德华兹绘制的红大丽花，引自《柯蒂斯植物学杂志》，1804 年

画像。

　　埃尔南德斯描述的"acocotli"和"cocoxochitl"似乎都是重瓣大丽花。但这已经无法确定了，因为埃尔南德斯带回西班牙的16卷的详细观察记录如今只剩下一些碎片。腓力国王将这份巨大的手稿装订成6卷，沉寂在了王室图书馆中，始终没有出版，最终这份手稿在1671年被大火烧毁。幸运的是，随机挑选的部分手稿已经被复制出来，其中一些在埃尔南德斯去世后被印刷出来，但直到1651年，一个更完整的版本才在罗马印刷出来，由从欧洲和新西班牙总督辖区收集的片段拼凑而成，并重新排版、绘制插图。尽管如此，它还是成为后来植物学家了解墨西哥植物的权威指南。

　　然而，到了1929年，一个埋藏已久、年代更早的记录重见天日，一份1552年的阿兹特克草药书手稿在梵蒂冈图书馆被发现了。作者是阿兹特克医生马丁·德拉克鲁斯（Martin de la Cruz），他撰写了这部手稿，可能还画了插图，而且胡安尼斯·巴迪亚努斯（Juannes Badianus）将其翻译成了拉丁文。这部草药书中记载了一系列从流鼻血到被雷击的传统治疗方法，其中包括一种开红花的"Couanenepilli"，可能就是红大丽花。

　　腓力二世为什么选择将他委托埃尔南德斯所做出的成果束之高阁，目前尚不清楚。也许植物学家的工作在当时被认为是一种异端，因为只有上帝才有权力命名生物；又或许，国王被其他事情分散了注意力，比如密谋入侵英格兰。无论如何，直到200多年后，第二次探险才得以跟进埃尔南德斯的发现。直到1789年，大丽花的块茎才成功横渡大西洋，从墨西哥城新建立的植物园被送到马德里皇家植物园的安东尼奥·何塞·卡瓦尼列斯（Antonio José Cavanilles）的手中。到1791年，卡瓦尼列斯已经培育出重瓣品种——紫色的大丽花，然后在1796年培育出单瓣的粉色大丽花和红大丽花。在接下来的200年里，人们从这些物种中培育出了数以千计的新品种。

　　卡瓦尼列斯以瑞典植物学家安德烈亚斯·达尔（Andreas Dahl）的名字命名了这个新属。然而，卡瓦尼列斯于1804年去世，当时亚历山大·冯·洪堡和他的植物学助手艾梅·邦普朗正从美洲回来，他们带回了大量种子，传播到欧洲各地。一部分送去了邱园，一部分送去了德国，一部分送到了巴黎，还有一部分交给了梅尔梅森城堡的约瑟芬皇后。当这些花开始开花时，它们看起来与卡瓦尼列斯描述的花非常不同。与此同时，在柏林，一位德国植物学家将卡瓦尼列斯的物种重新归类为一个新属"Georgina"，北欧和东欧的部分地区仍以这个名字称呼大丽花。

大丽花的多变和易杂交的特性使园丁们兴奋不已，但也让植物学家们感到绝望。正当分类学家竭尽全力对它们进行分类时，约瑟芬正为巴黎附近梅尔梅森城堡的这种难以预测的新花感到欣喜不已，她任命邦普朗为梅尔梅森城堡的主管。有一个故事说，大丽花是约瑟芬的骄傲和快乐源泉，她如此小心翼翼照料它们，以至于当她发现一位女士偷了一个大丽花的块茎时，她宁愿把所有收藏都销毁了，也不让"不洁之人"玷污了它们。

与此同时，各类植物材料正在欧洲各地散播开来。大丽花于1804年抵达伦敦，这归功于社交生活丰富多彩的女主人霍兰德夫人，这些艳丽的花朵很快就成为时尚。最先抓住这一点的是花商，他们是乐于繁育花卉的业余爱好者，还热衷于以严格定义的完美状态展示花卉。到1820年，大约有100个大丽花品种被培育出来；到了19世纪40年代，这个数字上升到2 000多个，欧洲和北美都陷入了"大丽花狂热"。大丽花在1872年之后变得更加多样化，当时一位名叫小范登伯格（J. T. van den Berg Jr）的荷兰育种者声称，他从墨西哥运来的一批在运输过程中腐烂的货物中救出了一个可以存活的块茎，并将其命名为卷瓣大丽花（D. juarezii）。他形容其拥有虞美人的红色，长着"细腻的、管状卷曲的花瓣"。它是今天壮观的仙人掌大丽花的祖先。

经过200年的选育和杂交，大丽花的颜色和形态几乎比任何其他属都要丰富。现在有5.8万多个品种，分为19个类别，如"睡莲"、"流苏"和"女士衣领"等。每年都会增加更多的品种。但如今仍然没有人培育出蓝色的大丽花——尽管已经为此提供了重奖。不过，这肯定只是时间问题……

大丽花属，引自 E. G. 亨德森（E. G. Henderson）的《花卉插图》（*The Illustrated Bouquet*），1857—1864 年。截至 19 世纪 50 年代，绒球型大丽花已经被广泛栽培

鹅掌楸

——父子齐上阵

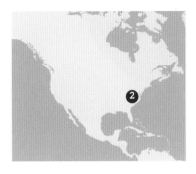

学名：北美鹅掌楸（*Liriodendron tulipifera*）

植物学家：小约翰·特拉德斯坎特
（John Tradescant the Younger）

地点：美国弗吉尼亚

年代：约 1638 年

追随一位著名父亲的脚步并非易事。当然，小约翰·特拉德斯坎特也觉得这实属困难。有人曾刻薄地批评道："他完全没有继承他父亲的血统，从他身上完全看不出他父亲的一丁点雄风。"

老约翰·特拉德斯坎特所取得的成就是一般人难以企及的——他是皇家园丁、开拓性的种植园主、狂热的植物采集家，也是英国植物狩猎伟大传统的第一人。他的出身鲜为人知，但到了 1610 年，他已成为英国国王詹姆士一世（James I）的首席大臣、英国最有权势的人罗伯特·塞西尔（Robert Cecil）的园丁。老特拉德斯坎特的第一次植物狩猎任务相对容易——带着 10 英镑的预算前往欧洲，为塞西尔在哈特菲尔德庄园扩建的新花园购买果树。第二次旅行他前往低地国家，去了莱顿的新植物园，到布鲁塞尔寻找葡萄，还去了法国"园丁国王"亨利四世（Henri IV）的宫廷，在那里他遇到了伟大的育种家让·罗班（Jean Robin）。他们成了朋友，在接下来的 20 年里他们一直写作和交换植物，这是整个欧洲日益发展的早期植物网络的一部分。塞西尔去世后，老特拉德斯坎特于 1618 年加入了一个前往沙皇俄国——60 年前这个国家在西欧还鲜为人知——的外交使团。虽然在政治上没有成功，但这位有事业心的园丁带着欧洲落叶松和芳香的莫斯科玫瑰回来了。两年后，他踏上了前往北非的旅程——表面上是为了打击野蛮的海盗。这次探险也失败了，但他在地中海地区三个月的采集收获颇丰，并有机会获得了一种特别美味的杏。

北美鹅掌楸，引自 W. P. C. 巴顿（W. P. C. Barton）的《美国药用植物及植物学》（*Vegetable Materia Medica of the United States, or, Medical Botany*），1817—1818 年

Arbor Tulipifera.
The Tulip Tree.

Iterus.
The Baltimore Bird.

Liriodendron tulipifera
Willd. sp ps. 2 p1254
Ait. hort. Kew ed. all 3 p529

北美鹅掌楸上面停了一只橙腹拟鹂，引自马克·凯茨比（Mark Catesby），
《卡罗来纳、佛罗里达和巴哈马群岛博物志》（*The Natural History of Caroli-
na, Florida and the Bahama Islands*），1754 年

鹅掌楸

　　老特拉德斯坎特的下一个雇主是受国王宠爱却声名狼藉的白金汉公爵，他陪同白金汉公爵去了巴黎沿途采集植物，还灾难性地被围困在拉罗谢尔。1628年，当白金汉公爵被谋杀时，老特拉德斯坎特已经攒了足够的钱，在伦敦泰晤士河畔的兰贝斯租下了一栋只有几英亩土地的房子。他在这里创建了一个植物苗圃，不仅展示了他在旅行中采集的珍稀植物，还展示了来自大西洋彼岸的全新物种。1617年，他入股了弗吉尼亚公司，这是一家雄心勃勃的企业，目的是在北美建立一个新的殖民地。在支付了24名定居者的交通费后，他有权在那里购买486公顷的土地。但他放弃了这一权利，也从没有踏上征程，而是要求安排这些人不断地把种子和球茎寄给他。

　　然而，他的儿子确实去了弗吉尼亚。学者们对小约翰·特拉德斯坎特到访弗吉尼亚的次数意见不一。我们可以确定的是，到1634年，他们父子俩在兰贝斯花园里种植了770种不同的植物。小特拉德斯坎特的确有充足的理由在1642年离开这个国家，因为1630年，老特拉德斯坎特被任命为查理一世的王后最喜欢的奥特兰兹宫殿的"花园、藤蔓和桑蚕的守护者"，他去世后，他的儿子继承了这一职位。但随着英国内战的爆发，当一名皇家园丁突然不再是一种明智的职业选择。相比之下，弗吉尼亚州的机会颇丰——事实也证明如此，小特拉德斯坎特后来在这里发现了大约200种新植物。

　　他们从北美引入的许多物种成为欧洲花园不可或缺的一部分——比如现代羽扇豆的祖先、福禄考、米迦勒雏菊以及比英国本土楼斗菜颜色更鲜艳的加拿大楼斗菜（*Aquilegia canadensis*）；还有无价的五叶地锦（*Parthenocissus quinquefolia*），它在污染严重的后工业化时代的英国变得无处不在，因为它比其他植物更能经受住雾霾的侵袭；高大的落羽杉（*Taxodium distichum*）、美国红栌（*Cotinus obovatus*）和一球悬铃木（*Platanus occidentalis*），后者与三球悬铃木（*P. orientalis*）杂交形成了二球悬铃木（*Platanus × hispanica*）。但也许他们最欣赏的引进物种是美丽的北美鹅掌楸。它在原产地是一种珍贵的木材（切罗基族人用其建造独木舟），而到了英国，因其形状独特的叶子、迷人的杯状花朵和绚烂的秋天色彩，它立刻成为最受欢迎的观赏性植物——而其特征在17世纪的欧洲还没有得到赞赏。

北美鹅掌楸原产于北美东部，从北部的安大略到南部的墨西哥湾都有其踪迹，尽管化石记录显示，在上一个冰河时期之前，它也曾生长于欧洲。在它的美洲栖息地，其株高可以长到欧洲的 2 倍，有时高达 60 米。许多早期的植株因为种植在温室里而生长较差，但到了 18 世纪初，北美鹅掌楸在伦敦周围变得相对常见。1688 年，英格兰富勒姆的鹅掌楸开出了第一朵花。

除了寻找植物材料，特拉德斯坎特一家还收集了他们认为有趣的任何东西——贝壳、鸟蛋、一只渡渡鸟的填充标本和神秘的"变成石头的东西"（化石），还有一些有趣的文物，如盾牌、水晶球、因纽特雪鞋、亨利八世的马镫和据说属于波卡洪塔斯父亲的仪式斗篷。通过曾担任英国海军上将的白金汉公爵，船长们被要求将"各类活的野兽和禽鸟"带回家，但他们从海上得到的最奇怪的战利品肯定是神秘地被描述为"美人鱼之手"的物件。这些展品在兰贝斯展出，向所有人开放，一次收费 6 便士："特拉德斯坎特方舟"（Tradescant's Ark）成为英国第一家公共博物馆，也是伦敦颇受欢迎的旅游景点。

人们对小约翰·特拉德斯坎特的收藏品兴趣浓厚，纷纷说服他编制了一本目录——实际上是世界上第一个已知的博物馆目录，在拖延了多次之后，这本目录终于在 1656 年问世。帮助他的是律师埃利亚斯·阿什莫尔（Elias Ashmole）。但这位律师绝非益友，趁小特拉德斯坎特喝醉的时候骗取了他的收藏品；在小特拉德斯坎特早逝后，阿什莫尔还骚扰了他的遗孀，以至于她被发现死在了她的花园池塘里。阿什莫尔随后将这些收藏品赠送给牛津大学，构成了现在的阿什莫尔博物馆的基础。他的遗产没有得到很好的照顾，几乎没有原始文物幸存下来。最令人悲伤的损失之一是鞑靼植物羊羔（Tartary Lamb）的羊毛——一种奇怪的植物和动物的混合体。这种羊据说长在一根茎上，然后在它周围的草地上吃草。一旦吃光了它可以够到的所有东西，它就饿死了。老约翰·特拉德斯坎特的好朋友、植物学家约翰·帕金森写的一本书里还给它配了图。但可惜的是，这种最奇特的植物在地球上的任何地方都从未被发现过。

T.56

Platinus Occidentalis.
The Western Plane-tree.

Muscicapa Rubra.
The Summer Redbird.

Platanus occidentalis
Willd. sp. pl. 4 p 474
Ait. hort kew ed. alt. 5 p 005

一球悬铃木与玫红丽唐纳雀，马克·凯茨比绘制。他的《卡罗来纳、佛罗里
达和巴哈马群岛博物志》是第一部关于北美植物区系的著作，激发了欧洲采
集家们获得这些植物的强烈愿望

洋玉兰

——总统夫人砍倒的古木

学名：荷花玉兰（*Magnolia grandiflora*）

植物学家：约翰·巴特拉姆

地点：美国卡罗来纳

年代：1737 年

1737 年的整个 8 月，一队马车从伦敦出发，驶往城市郊区的帕森斯绿地（Parsons Green），车上载着的英国园艺界的所有知名人士都兴致勃勃。因为在英国海军部第一任勋爵查尔斯·韦杰爵士（Sir Charles Wager）的花园里，一棵来自北美的常绿小树正开出它的第一朵花。多美的花朵啊！一个巨大的白色蜡质高脚杯，散发着柠檬和香草的芳香，狂热的植物收藏家彼得·柯林森将其描述为"睡莲的模样，但和帽子的顶部一样大"。画家格奥尔格·狄奥尼修斯·埃雷特（Georg Dionysius Ehret）每天从切尔西的家中步行来画画（他雇不起马车），看着花朵从一个纽扣大小的花苞直至完全盛开。他的那幅《完美的植物学观察》发表于 1743 年。

在一个只有 4 种原生常绿植物（冬青、黄杨、红豆杉和欧洲赤松）的国家里，荷花玉兰的影响无疑是非凡的——尤其因为它是一种生长迅速且叶子如此鲜艳有光泽的常青树。事实上，帕森斯绿地的荷花玉兰可能并不是第一个开花的，它很可能被约翰·科利顿爵士（Sir John Colliton）在英格兰南海岸埃克斯茅斯所拥有的另一株玉兰树抢先了，这株玉兰树也是在 1737 年夏天开花的。多年来，它一直为约翰爵士提供了一笔易得的额外收入，市场对这种树的需求很大，于是他会轮流将它出租给当地的苗圃工人，一次租出一个树枝。只需支付 0.5 基尼的"巨额"费用（他们可以以 5 基尼的价格出售培育出来的玉兰后代），他们就可以通过在这棵树周围的脚手架上摆上一盆盆土壤，通过压条法来繁殖新株。尽管如此，这棵玉兰树还是长得很好，1794 年被人误伐时，它的周长达

格奥尔格·狄奥尼修斯·埃雷特绘制的荷花玉兰，引自 C. J. 特鲁（C. J. Trew）的《伦敦景观植物的选择》（*Plantae selectae Quarum Imagines ad Exemplaria Naturalia Londini*），1750—1773 年。Peter H.Raven Library/ Missouri Botanical Garden

到了 46 厘米。

这两种树的来源仍是未知。一般的说法是，玉兰树被引入英国的时间是 1734 年——正是彼得·柯林森从美国植物学家约翰·巴特拉姆那里获得了第一批种子的时候。柯林森是伦敦的一位亚麻布商，他靠种植植物为生。但没有哪棵玉兰树能在短短 3 年内长成并开花。有没有可能它们是从法国来的？ 1711 年，一位法国商人将一棵树从路易斯安那引入南特。但他觉得它太过柔弱，不适合南特的冬天，于是它被种植在一个橘子园里，在那里无人问津地度过了 20 年，直到商人下令把它扔掉。园丁的妻子将它救了出来，把它重新种植在外面的一个温室里，在那里它很快就茁壮成长起来。18 世纪 40 年代，法国殖民地路易斯安那的一位退休总督把更多的树种带回了南特。"加利索尼埃"荷花玉兰（ *Magnolia grandiflora* 'Galissonnière' ）至今仍是以他的名字命名的。[这个属的名称是以法国植物学家皮埃尔·马尼奥尔（Pierre Magnol）的名字命名的，他引入了植物科的概念。] 另一个可能的来源是博物学家马克·凯茨比，他于 18 世纪 20 年代初在南卡罗来纳绘制了"公牛湾"玉兰，这是他的伟大作品《卡罗来纳、佛罗里达和巴哈马群岛博物志》的一部分。

柯林森自己的木兰终于在 1760 年开出了"一朵灿烂的大白花"。他花了足足 20 年的时间才从种子中将它培育出来。这一日期意义重大：在 1739—1740 年的严冬中，泰晤士河冻结了 8 周，几乎所有从种子或插条中繁育出的幼树都被冻死了。因此，即使是像柯林森这样杰出的园艺家也不得不在第二年春天重新开始——在几年的时间里，荷花玉兰成为钱能买到的最昂贵的树木。

这对费城的植物采集家约翰·巴特拉姆来说是个好消息，他向柯林森提供了种子。两人都是贵格会教徒。巴特拉姆的祖先跟随威廉·佩恩在新殖民地宾夕法尼亚获得了宗教自由。柯林森是一位成功的商人，由于他的信仰，他被禁止担任公职或上大学，但他的同龄人认为他是一位杰出的植物学家。他的佩卡姆花园里到处都是珍稀物种，是全欧洲的研究对象。巴特拉姆是一个受教育程度不高的农民，他对植物也有类似的嗜好：他那种满了从各处采集而来的植物的花园实际上是美国第一个植物园。这两个人在 30 多年的时间里成了亲密的朋

J. G. 普莱特（J. G. Pretre）绘制的荷花玉兰，邱园收藏，1825 年

T. 2 . Nº 65 .

MAGNOLIA grandi flora.

MAGNOLIER à grandes fleurs. pag. 219.

P. J. Redouté pinx.

Renard Sculp.

荷花玉兰，引自 H.L. 迪阿梅尔·杜蒙索所著的《法国的乔木和灌木》，
1750—1773 年

友，他们合力改变了欧洲园艺的面貌。

英国园艺家们被凯茨比描绘的北美植物迷住了，但在 1734 年之前，他们几乎不可能看到这些植物。现在柯林森和巴特拉姆达成了一个协议。巴特拉姆会定期给柯林森寄送球茎、根茎和种子，而柯林森会分发给其他爱好者，许多人渴望在他们的花园中加入北美植物，以打造新的自然景观风格。随着时间的推移，这些箱子被标准化了——每箱售价 5 基尼，里面装着 105 种植物的种子。这是北美种子第一次大量供应。像小约翰·特拉德斯坎特的北美鹅掌楸这样令人难以置信的稀有树木可以大批量地种植了。引人瞩目的荷花玉兰成了最受欢迎的树种。

对于 18 世纪的植物学家来说，荷花玉兰是如此现代和令人兴奋，但实际上它是一种非常古老的树木：化石记录显示，木兰是最早的开花植物之一，1 亿多年前就已经广泛分布在欧洲、北美和亚洲。它们是由无翼甲虫授粉的，这种甲虫在有翼昆虫出现之前就存在了数百万年。奇怪的还有，DNA 鉴定表明，木兰花的近亲之一竟然是不起眼的毛茛。

从北卡罗来纳南部延伸到佛罗里达中部，然后向西延伸到得克萨斯东部，这条宽阔的地带是荷花玉兰的原生分布区。这是一种适应性很强的树，不管是在肥沃的沼泽和湖泊边缘，还是在密西西比河下游的悬崖上都能茁壮成长。在森林里，它可以长成高达 27 米的大乔木；在海岸沙丘上，也可能像灌木丛一样低矮。当然，它现在已经遍及世界各地，从意大利的湖泊到中国的广州，罗伯特·福钧在 19 世纪的广州就看到它被用作行道树。但荷花玉兰无疑更容易让人联想起在美国南方大型的种植园花园中，它们排列在庄严的林荫大道上，林荫下垂缀着铁兰。几代人以来，白宫也有一棵著名的荷花玉兰，由安德鲁·杰克逊总统为纪念他的妻子而栽种。2018 年，梅拉尼娅·特朗普夫人让人砍掉了它。

花旗松

——命途多舛的探险家与高大针叶树

学名：花旗松（*Pseudotsuga menziesii*）
植物学家：大卫·道格拉斯
地点：加拿大不列颠哥伦比亚
年代：1827 年

有些人生来就很幸运。但苏格兰人大卫·道格拉斯显然不属于这种人——尽管他被誉为有史以来最伟大的植物探险家之一。

他起步很好。1799 年，他出生在珀斯郡的一个石匠家庭，10 岁时在花园当学徒，20 岁时就已经给几位雇主留下了深刻印象，并在格拉斯哥大学的植物园找到了一份工作。在这里，他参加了后来成为邱园主管的威廉·杰克逊·胡克的植物学讲座。两人成了朋友，一起在苏格兰高地进行植物学研究，"他的出色的表现、无畏的勇气、独特的节制力和旺盛的热情都表明他是一个杰出的天生的科学旅行家"。胡克把他推荐给伦敦园艺协会。1823 年，道格拉斯前往北美开始了第一次任务。

他的第一次旅行是在东海岸，取得了巨大的成功：在不到一年的时间里，道格拉斯收集了苹果、梨和李子的许多新品种，而且所有这些的成本控制令人满意。第二年，他被派往西北部太平洋沿岸，他在那里的发现既改变了欧洲林业，也改变了 19 世纪花园的面貌。

这是一个欧洲人知之甚少的区域——除了哈得孙湾公司吃苦耐劳的毛皮猎人在此活动，道格拉斯便在他们的保护下旅行。1792 年，一支由船长乔治·温哥华（George Vancouver）率领的英国船队曾对这一地区进行过探索。植物学家阿奇博尔德·孟席斯（Archibald Menzies）带回来许多物种的描述和干标本——其中就包括了后来被命名为花旗松的标本——但没有种子或活体植物。刘易斯和克拉克于 1804 年受托马斯·杰弗逊委托，领导一支探险队进行了具

P. Mouillefert, Arbres.　　　　　　　　　*Planche XXVII* <u>bis</u>

Faux-Tsuga de Douglas. Pseudotsuga Douglasii Carr.

花旗松，引自 P. 莫利佛（P. Mouillefert）的《森林乔灌木研究》(*Traité des Arbres & Arbrisseaux Forestiers*)，1892—1898 年

227

花旗松，引自 E. J. 雷文斯克罗夫特（E. J. Ravenscroft）的《不列颠松树志》
(*The Pinetum Britannicum*)，1863—1884 年。花旗松造型优美，在维多利亚时代的时尚花园中受到热烈欢迎

有传奇意义的横跨大陆的探险，他们二人也注意到了这种大树——笔直得像旗杆，高达 106 米——还采集了俄勒冈葡萄（学名 *Mahonia aquifolium*）的小枝，道格拉斯也将其引入栽培。

他们经过 8 个半月精疲力竭的旅行才到达哥伦比亚河河口，最后的 6 个星期都在试图登陆。道格拉斯在日记中写道："北美洲西部的飓风比著名的合恩角飓风严重 1 000 倍。"到达后，他发现哈得孙湾公司已经将他们的总部迁往上游 145 千米处的新定居点温哥华堡。接下来的两天，他乘坐一条敞篷独木舟逆流而上。这将成为常态：据他计算，在接下来的 3 年里，他旅行了近 1.13 万千米，要么徒步，要么轻装出行，因此他的独木舟也经常被用作庇护所。

两年来，道格拉斯在原始森林和贫瘠的高地上漫游——常常一连几天又冷又湿又饿，他的独木舟在暴风雨中被砸坏了，有时他赖以获取补给的定居点被遗弃了，有时受到愤怒的原住民勇士的威胁，有时又受到灰熊的威胁，或者只是被困在荒野里，除了他所采集的树根和浆果外没有任何东西可以吃。伤病也一直伴随着他：他的膝盖被一颗生锈的钉子刺穿了，伤口一直困扰着他。但在逆境中，他还是很有创造力的：在一次极为不幸的旅行之后，他险些被冻死——"我用我的斗篷和毯子当帆，才得以回到哥伦比亚河。"

他的同伴通常是当地奇努克人村庄的部落居民，他们与他分享植物知识。（例如，他第一次发现糖松的种子，就是向导们带在烟草袋里的零食。）一开始，道格拉斯有理由不信任当地的向导——在一次早期的远足中，一名向导在他爬上树的时候带着他所有的东西跑掉了——但他对和他一起探险的那些足智多谋的猎人产生了深深的敬意。在当地人看来，他是"草人"或"*Olla Piska*"——一种奇怪邪恶的火精灵，能喝下炽热的沸腾液体（实际上，他喝下的是一种冒泡的保健饮料），在冲突面前毫无畏惧（他承认比起冲突，他更害怕身上的跳蚤），还是一名神枪手，能当空射死一只飞鹰。

1827 年 3 月，在温哥华堡度过了第二个冬天后，道格拉斯和一群贸易商一起组成每年出发一次的毛皮护送队前往哈得孙湾。这不亚于一次 5 个月的横跨大陆的行军，主要是步行，有时乘坐独木舟。他以极快的速度穿越了加拿大落

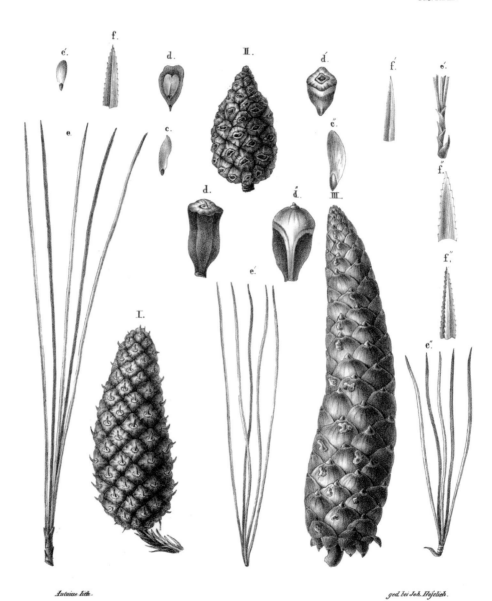

Tab. XVIII.

I. Pinus occidentalis.　II. Pinus leiophylla.　III. Pinus Monticola.

银叶五针松（*Pinus monticola*），引自 F. 安托万（F. Antoine）的《针叶树》（*Die Coniferen*），1840—1841 年

花旗松

基山脉，到达温尼伯湖和大急流城，最后到达哈得孙湾的约克堡。从这里他可以登上一艘去往英格兰的船。如果这样的长途跋涉还不算足够努力的话，他在落基山脉的高处还进行了一次短途旅行，在短短 5 小时内攀登了一座 2 790 米高的山峰，并以著名的植物学家罗伯特·布朗的名字将其命名为布朗山，他曾是约瑟夫·班克斯图书馆的管理员，而第二座山峰则被他命名为胡克山。在 3 210 千米的徒步旅行中，他牵着他的猎犬比利（Billy），带着另一只心爱的宠物——一只年轻的白头海雕。道格拉斯见到了著名的北极探险家约翰·富兰克林，后者邀请他共同乘坐独木舟穿越温尼伯湖，道格拉斯将这只白头海雕托付给了队伍中的其他人。他回到约克堡后却发现它被它自己的系脚带勒死了。这一次，他一如既往的坚强性情没有帮到他。"有什么能让人更伤心痛苦的呢?"他在日记中哀悼。很快他就领略到了。在参观完他要搭乘回家的那艘船后，他的小船在划回来的路上遭遇了暴风雨，冲向了 112 千米外的茫茫海面上。道格拉斯和他的同伴们幸存了下来——只是他在回家的整个旅程中都精疲力竭地躺着。

道格拉斯于 1827 年 10 月回到英国，受到英雄般的欢迎，但他无法安定下来，几乎恰好两年后，道格拉斯再次登上前往温哥华港的轮船。他到达目的地时发现这个地区正热病肆虐。"曾经供养得起一二百名精锐战士的村落已经完全'消失'了，一个人影也没有了。房子里空无一人，成群饥饿的狗在四处嚎叫，尸体散落在河沙上的四面八方。"

1830 年到 1832 年间，他向南出发去了加利福尼亚，虽然他的视力每况愈下，他还是看到了高耸的海岸红杉，并发现了三种新的松树。鬼松（*Pinus sabiniana*）、大果松（*P. coulteri*）、蒙达利松（*P. radiata*）进一步增加了他从北方森林采集的令人印象深刻的针叶树种数目——不仅有花旗松，还有巨云杉（*Picea sitchensis*）、大冷杉（*Abies grandis*）、壮丽冷杉（*A. procera*）、糖松（*Pinus lambertiana*）、银叶五针松和西黄松（*P. ponderosa*）。他在给胡克的信中写道："你很快就会开始认为这些针叶树种都是我随心所欲地制造出来的。"

这些发现再及时不过了。因为欧洲的花园开始发生变化，从自然主义的景观公园转向一种新的风格，不再试图掩盖人类的干预。这一概念被称为"花园式风格"（Gardenesque），由 19 世纪英国园林大师约翰·劳登（John Loudon）提出，很快演变成一种观念——花园应该是一种艺术作品，在这种艺术作品中，植物被最大限度地展示出来，就像画廊里的画一样。没有什么比道格拉斯新引进的针叶树更适合这种展示的了，它们被单独种植在平坦的草坪上，人们从各个角度都可以欣赏到它们新奇的形状、体积和颜色。因此，针叶树逐渐占据了 19 世纪花园的主导地位，而在查茨沃思庄园（一个专门种植常绿植物的树木园）中，针叶树成了最新的时尚特色。

在夏威夷探险火山之旅后，道格拉斯返回温哥华港，希望途经新喀里多尼亚、阿拉斯加和西伯利亚返回英格兰。但由于无法到达他原本希望乘船前往的阿拉斯加海岸，他不得不折返。在沿弗雷泽河顺流而下时，他被卷入漩涡，独木舟被"撞成了碎片"，他失去了所有的补给、日记、植物学笔记和所有的标本。他说："这些植物大约有 400 种……其中一些是新的。这一灾难性的事件使我的体力和精神都遭到了极大的打击。"

即使对他顽强的灵魂来说，这也确实如此。1833 年圣诞节时，他回到了夏威夷。这将是他最后一次旅行。1834 年 7 月 12 日，人们发现他忠实的小猎犬比利坐在他的外套上，接着在一个陷阱的底部人们发现了道格拉斯被野牛顶伤和践踏而严重残废的尸体。最后一个看到他活着的人是一个可疑的前罪犯，后来失踪了，于是人们普遍认为道格拉斯是被谋杀的。

大卫·道格拉斯身亡时只有 34 岁。在短短 10 年的时间里，他把 254 种植物带回了英国，其中许多植物至今仍然是英国花园中的宠儿——绯红茶藨子（*Ribes sanguineum*）、长着细丝般漂亮流苏的丝缨花（*Garrya elliptica*）、纸一样薄的加州罂粟花（花菱草）、宝石色的钓钟柳以及大多数现代羽扇豆的祖先。花旗松和巨云杉原本是为装饰而种植的树木，现在已经成为英国和美国的主要木材品种。事实上，据说世界上没有哪一种树能比高大的花旗松为人类提供更多的木材产品了。

糖松，引自 E. J. 雷文斯克罗夫特的《不列颠松树志》

巨杉

——"加州森林之王"

学名：巨杉（*Sequoiadendron giganteum*）

植物学家：威廉·洛布

地点：美国加利福尼亚

年代：1852 年

1852 年，在获得猴谜树的种子——这些种子后来成为维多利亚时代花园中最受欢迎的树木——10 年后，植物采集家威廉·洛布在他的第二次探险中带回了一件更加引人注目的货物。他的雇主、苗圃管理员詹姆斯·维奇见到他时很惊讶——他被派去北美寻找针叶树，预计一年后才会回家。但在旧金山期间，威廉·洛布了解到在加利福尼亚内华达山脉山麓生长着一种非凡的大树。一位名叫奥古斯都·T. 多德（Augustus T. Dowd）的猎人在追捕一只灰熊时，偶然发现了一片树林，也就是现在卡拉韦拉斯国家公园（Calaveras National Park）里著名的北丛林（North Grove），里面的树木是有史以来最高大的。这些参天大树的树枝已经被带到了城市，并被送到了美国植物学家阿尔伯特·凯洛格（Albert Kellogg）那里进行鉴定。威廉·洛布放下手中的一切，开始寻找它们。随后，他发现了 90 株名副其实的"植物巨怪"的个体，据他记录，这些"植物巨怪"高达 76～97 米，直径达 6 米。他尽可能多地收集了球果和枝条，然后急匆匆地赶回英国——一个已经对针叶树陷入狂热的国家。在那里，他确信这些不朽的大树会让他大赚一笔。就在那一年，维奇公司开始出售这种"加州森林之王"的树苗，每株 3 英镑 2 先令[1]，如果一口气买二十几株，每株的售价则优惠至 1 基尼。在维多利亚时代的英国，一条"巨杉"大道很快成为最新的时尚地位象征，不仅对于詹姆斯·贝特曼（James Bateman）这种住在比达尔夫庄园（Biddulph Grange）的超

---

1 先令，英国的旧辅币单位，1 英镑 =20 先令。——编者注

巨杉，引自 E. J. 雷文斯克罗夫特的《不列颠松树志》。这幅图展示了这些庞
然大物令人难以想象的高度

WELLINGTONIA GIGANTEA Lindl.

巨杉，引自 L. 范霍特的《欧洲温室与花园植物志》

级富豪而言，对一栋相对普通的别墅来说也是如此。

美国人大为光火——尤其是不幸的凯洛格，他原本计划以"华盛顿巨杉"（*Washingtonia gigantea*）的名字来命名这种植物，以纪念美国第一任总统。但伦敦园艺协会的约翰·林德利以当时去世的威灵顿公爵（Duke of Wellington）的名字抢先命名了这种树。最后，这两个名称都无效，这种被人们称为"大树"的巨型红杉，最后使用的名称为"*Sequoiadendron giganteum*"。也许这也不太理想：它的近亲海岸红杉或者说北美红杉（*Sequoia sempervirens*）通常更高（尽管前者体积更大）。这种巨大的红杉给人留下极深刻的印象：现存最高的巨杉生长在加利福尼亚的国王峡谷国家公园（Kings Canyon National Park），高达94.9米，比20层楼的建筑还要高。

然而多德的"发现"却是灾难性的（这些树对当地的原住民来说当然是很熟悉的，之前至少有两个欧洲人记录过）。几个月之内，最大的一棵树被砍倒了。游客们蜂拥而至，参观这个巨大的树桩和圆木，现在它被改造成了舞池、保龄球场和酒吧，而一段挖空的树干被做成了巡回展览厅，可容纳多达40人的钢琴独奏会。1854年，第二棵被称为"森林之母"的巨杉被剥去了35米的树皮，先是在纽约被重新组装后展出，后来在锡德纳姆的水晶宫重新展出，并一直保存在那里，直到这一建筑物被烧毁。这也是这棵树的命运——1861年枯死，1908年被烧成树桩。

这些以及更多的愤慨促使了约翰·缪尔（John Muir）领导的美国国家公园系统的建立，但这些树木直到20世纪30年代才得到真正充分的保护，如今已被列为濒危物种。在没有人类干扰的情况下，这种巨杉可以存活3 000年，部分原因是它成功地进化出了防火能力。事实上，火对于这些植物的繁殖是必不可少的，因为火清除了竞争植被，而其灰质残留物为幼苗发芽提供了最佳条件。成熟的树木，其枝干高出地面，树干被厚厚的一层海绵状的树皮（树干底部的树皮厚达1.2米）保护着，充满了水分，可以很好地抵御火焰的伤害，而突然出现的热量会让球果开裂，促使种子掉落。

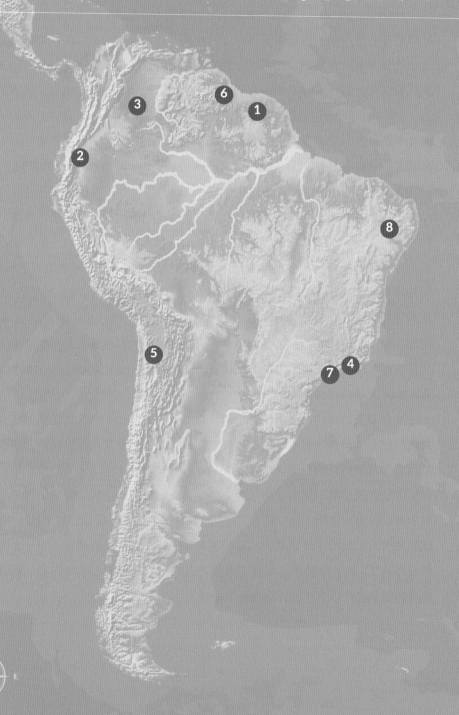

南美洲

南美洲的亚马孙雨林是世界上最大、生物多样性最丰富的热带雨林，是至少 4 万种植物的家园。然而，亚马孙盆地仅仅是南美洲丰富植物资源的开始，从无边无际的湿地和盘根错节的红树林，到干旱沙漠、热带丛林、狂风肆虐的巴塔哥尼亚草原和高海拔的安第斯山脉都有各类植物资源。低地森林是地球上物种最丰富的地区之一，而安第斯山脉的山地森林和高沼地孕育着各种特有和高度特化的物种，包括 3 亿年前恐龙时代的森林遗迹，当时南美洲还是冈瓦纳古大陆南部的一部分。事实上，这个最富饶的大陆，支持着全球约 60% 的陆地生物，除亚马孙热带雨林之外还有不少于 5 个生物多样性热点地区，地方特有物种特别多，同时也面临着急迫的毁灭风险。

许多植物猎人在南美旅行时都带着特定的目标——采集价值堪比黄金的珍奇兰花，或具有药用价值的植物。伟大的探险家洪堡来到这里探索知识和冒险，这片广袤大陆的植物的多样性令人难以置信，跨越了如此多样的地形、地质和气候，使他得以形成关于物种分布和地球上所有生命相互依存的新理论。对于 17 世纪德国画家玛丽亚·西比拉·梅里安、维多利亚时代环球旅行家玛丽安娜·诺斯和 20 世纪环保主义者玛格丽特·米（Margaret Mee）等无畏的人们来说，正是热带雨林中奇异而多彩的植物吸引了他们。大胆的色彩也正是碧冬茄和马鞭草等花卉吸引人眼球的特点，它们成为欧洲夏季花圃苗床的主要品种。2000 年，植物猎人汤姆·哈特·戴克（Tom Hart Dyke）和保罗·温德尔（Paul Winder）在哥伦比亚的一次兰花狩猎之旅中，因考虑不周被游击队抓获，并在丛林中被扣为人质长达 9 个月。兰花采集一直是一个有争议的问题。

然而，今天活跃在南美洲的大多数植物猎人都在参与各类植物保护计划，试图保护从猴谜树到稀有禾草科的各种物种，它们遭受到农业扩张、新道路、采矿和基础设施项目以及相关污染的威胁。

巴西是世界上植物资源最丰富的地方，曾被巴西艺术家、景观设计师和植物猎人罗伯托·比勒·马克思（Roberto Burle Marx）描述为"植物学家的迷人之地"，但其前景尤其黯淡。

洋金凤

——科学女先锋与苏里南博物图谱

学名：洋金凤（*Caesalpinia pulcherrima*）
植物学家：玛丽亚·西比拉·梅里安
地点：苏里南
年代：1700 年

1699 年 8 月，玛丽亚·西比拉·梅里安抵达了荷兰殖民地苏里南的首府帕拉马里博。这是一座炎热潮湿，且以暴力行为而为人所知的城市。她计划记录该地区丰富的昆虫类群以及为其提供食物的各种未知植物。

西比拉·梅里安是一位非常杰出的女性。在那个几乎没有人冒险离家超过 10 英里（约合 16.09 千米）的时代，她进行了一次近 8 000 千米的危险的海上旅行。52 岁的她，在她的时代已经算是一位高龄妇女了，她在出发之前谨慎地立下了遗嘱。令人愕然的是，她是一位离婚的独身女人，在没有任何男人保护的情况下旅行，只有她 21 岁的女儿陪伴着她。为了这次旅行，她卖掉了大部分财产（尽管她从阿姆斯特丹市拿到了一小笔津贴）。其成果是一本令欧洲震惊的书——《苏里南昆虫变态图谱》（*Metamorphosis Insectorum Surinamensium*），书中生动的插图和对热带丛林野生动物的第一手描述尤为精彩。

1650 年，法兰克福的版画家马特乌斯·梅里安（Matthäus Merian）临终前躺在床上，据说他预言了他 3 岁的女儿玛丽亚·西比拉·梅里安会有一个美好的未来。到底有多么出众，这是他无法想象的。虽然性别的限制让她缺乏足够的财富和正规教育，同时男性也因惊讶于她的独立思想而对她充满敌意，但这些都不妨碍她成为一名开拓性的博物学家，在昆虫学这门新学科的前沿领域进行研究，而且在一个科学是富人精英业余爱好的时代，她可能是第一位凭科学谋生的女性。她被誉为世界上第一位生态学家，也被誉为"有史以来最伟大

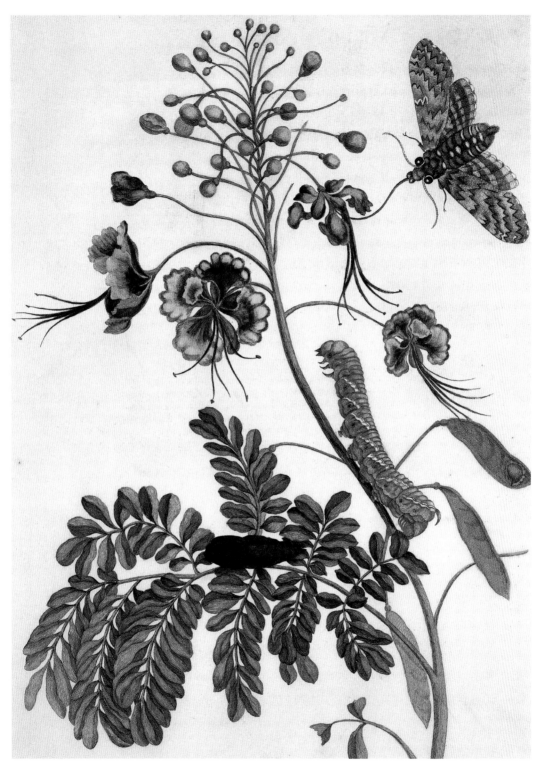

卡罗利纳天蛾吸食洋金凤的花蜜，引自《苏里南昆虫变态图谱》，1726 年。
Maria Sibylla Merian images, Trustees of the Natural History Museum,
London

的植物和昆虫画家"，她的绘画既美丽又准确，令人赞叹。从同时代的大英博物馆创始人汉斯·斯隆，到俄国的彼得大帝都收藏了她的作品。受人尊敬的植物学画家马克·凯茨比研究了她的绘画技术。1758 年，现代命名法之父卡尔·林奈在他的《自然系统》(Systema Naturae) 中描述并命名了当时为科学界所知的 4 400 种动物，其中至少有 130 种依赖于她的绘画和描述。她影响了达尔文对昆虫的研究。洪堡以她的名字命名了一种植物。探险家雷德蒙·奥汉隆 (Redmond O'Hanlon) 对热带雨林探险并不陌生，他对她的勇气深表敬畏。她创造了一种全新的描绘自然的方式，虽然这在我们今天看来理所当然。然而她去世时一贫如洗，现在知道她名字的人也相对较少。

西比拉·梅里安的继父教她画画——但不是教油画，因为艺术家协会禁止这样做，而是教她画被认为更适合女人的水彩画。18 岁时，她嫁给了继父的一个徒弟约翰·安德烈亚斯·格拉夫 (Johann Andreas Graff)，他是一位专门从事教堂室内设计的艺术家。这对夫妇搬到了纽伦堡，在那里她教授富有的年轻女性绘画花卉。1675 年，她出版了她的第一本书，一本花卉研究合集——旨在作为刺绣和装饰的参考图案。按照当时的惯例，花卉图案一般作为珍贵的物品来介绍，点缀上昆虫会赋予作品更旺盛的生命力。但在她自己的私人笔记本上，西比拉·梅里安却以一种完全不同的方式作画。

法兰克福是丝绸行业的中心之一，从 13 岁起，她就迷上了桑蚕，开始用笔记和素描记录桑蚕的生命周期。不久，西比拉·梅里安就开始收集她能找到的任何其他毛毛虫，"以便看看它们是如何变化的"。当时，人们仍然普遍认为昆虫是从粪便或腐烂的物质中自发生成的。蝴蝶从死去的毛毛虫的躯壳中出现——这是一种全新的、不同的生物，被视为上帝赐予的复活的象征。其他科学家在 17 世纪 60 年代末挑战了这些假设，但这位十几岁的博物学家对他们的工作一无所知。10 年前，她已经观察到虫卵以及飞蛾和蝴蝶的蜕变，发现昆虫从卵到幼虫到蛹再到成虫的每个阶段都对环境有十分具体的要求，并仔细注意到需要哪些植物来为它们提供"特殊营养"。这些都是西比拉·梅里安作为妻子和母亲的角色时继续进行的研究，1677 年，她出版了她的两卷本《毛毛虫，它们奇妙的蜕变和花朵特有的营养》(*Caterpillars, Their Wondrous Transformation and Peculiar Nourishment from Flowers*) 中的第一卷。书中描绘了这些昆虫在合适的宿主植物上所经历的不同的生命周期，观察准确细致，叙述了植物上经常可见到的啃咬的痕迹，并配合文字描述昆虫在每个转化阶段的颜色、外形和时间。实际上，每一种静止的生命都是食物链上的一环，这是第一次有人试图解释我们现在所说的生态群落内的相互作用。

1686 年，西比拉·梅里安离开了她的丈夫，带着她的两个女儿和年迈的母亲逃到荷兰一个简朴的宗教公社，和她同父异母的兄弟团聚。在这里，她被允许继续她的研究：就像贵格会教徒约翰·巴特拉姆一样，她对大自然怀有深深的敬畏之情，研究大自然的奇观就是为了更清楚地看到上帝仁慈的造物之手。但到了 1691 年，她的兄弟和母亲都相继去世了，公社因弊病被摧毁，她的丈夫也与她离婚了。她只有绘画可以依靠，她搬到了阿姆斯特丹，和她的两个同样有才华的女儿成立了一间绘画工作室。

阿姆斯特丹是一座国际化的大都市，有着活跃的艺术和科学社团，西比拉·梅里安在这里找到了一些让她探索他们的收藏品的朋友；许多有钱人都有"珍宝橱柜"，收藏着从荷兰贸易帝国的边远地区采集的异域昆虫和植物的标本。但令西比拉·梅里安沮丧的是，这些标本很少附有任何关于它们的确凿信息，她迫切地想知道更多。她加入的拉巴第派宗教团体位于沃尔瑟城堡，也就是科利内斯·范埃森·范索梅尔斯迪克 (Cornelis van Aerssen van Sommelsdijk) 的家。他曾担任苏里南的总督，并从旅行中带回了各种昆虫标本。西比拉·梅里安抓住这个机会开展研究，她不断地惊叹于巨大的珠光宝气的蝴蝶——完全不同于她在欧洲见过的任何一种蝴蝶。她后来写道："所有这一切促使我踏上了一段梦想已久的苏里南之旅。"

苏里南仿佛是上帝的一个启示。西比拉·梅里安发现了翼展足足有 30 厘米的飞蛾，蜘蛛大到可以吃下一只鸟，蚂蚁"可以在一夜之间吃掉整棵树，只剩下像扫帚柄一样光秃秃的树干"。河里满是目光锐利的鳄鱼。一只亮蓝色蜥蜴在她房子的一个角落里下了一窝蛋。她尝到了菠萝和番石榴等美味的水果。她

蓖麻，引自《苏里南昆虫变态图谱》，玛丽亚·西比拉·梅里安绘制。Maria
Sibylla Merian images, Trustees of the Natural History Museum, London

还发现，葡萄在热带气候下生长得飞快，6 个月就可以收获了——然而，没有人愿意费心种植它们。她惊讶于殖民者们对他们周围正在发生的奇迹漠不关心。她抱怨说，这些人除了种植甘蔗外什么都不关心，还嘲笑她的研究。她对他们对待奴隶的方式表示恐惧，尽管如此，她还是必须依靠奴隶——无论是非洲人还是美洲原住民——才能前往她要参观的种植园或是冒险进入热带雨林。正是这些奴隶向导们在丛林中给她开辟道路，并告诉她在哪里发现的植物。与殖民统治者形成鲜明对比的是，她的向导表现出对植物全面深入的了解和深深的尊重之情。西比拉·梅里安热切地记录下它们的用途：蓖麻油可以用来点灯，还能用来治疗伤口；棕榈树的汁液可以用来杀灭蠕虫；麻风树的根可以用于治疗蛇咬伤。她注意到了准备木薯所需的细心处理——先要把木薯根磨碎，榨出有毒的汁液，然后将其晾干并烘烤成"脆面饼"。更让她感到不安的是洋金凤的使用方法，这是广泛存在于热带和亚热带美洲的豆科植物。如今，它以其精致的蕨状树叶和艳丽的花朵赋予了温室别样风情，但也被孕妇用来诱导流产。良心感到不安的西比拉·梅里安写道：

> 印第安奴隶妇女受到白人奴隶主非常恶劣的对待，她们不希望生下必须生活在同样可怕条件下的孩子。这些主要来自几内亚和安哥拉的黑人奴隶妇女也试图避免因白人奴隶主而怀孕，她们实际上很少生育孩子。她们经常利用这种植物的根自杀，希望通过转世回到她们的故土，这样她们就可以自由地与非洲的亲人们生活在一起了，而她们的身体却死于这里的奴隶压迫，这是她们亲口告诉我的。

至少对于一名苏里南奴隶来说，对药用植物的了解能为其提供一条不那么激烈的"解脱之路"。在传统医学中用来治疗发烧和疾病以及驱除寄生虫的强力催吐剂苏里南苦木（Quassia amara），是林奈以它的"第一个发现者"格拉曼·夸西（Graman Kwasi）的名字命名的。夸西担任殖民地首屈一指的药师长达 60 年，对非洲人、欧洲人和本土原住民一视同仁。夸西是一个有争议的人物，他作为一名奴隶的孩子从加纳来到苏里南，但他活了下来，获得了自由，得到了奥兰治亲王（Prince of Orange）的赏识，并成为一名种植园主，从被奴役的工人那里获利。他一直保守着苏里南苦木的秘密长达30年，靠卖药过上舒适的生活，然后把这个秘密卖给了一位瑞典植物学家，这位植物学家于1756年把它带回了欧洲。非洲奴隶们把夸西尊崇为能够用魔法护身符保护他们的占卜师或巫师；而对荷兰人来说，他是一位"忠实"的朋友，是对抗逃亡奴隶的宝贵盟友。但在这些奴隶的后代中，夸西仍然被视为叛徒。

夸西可能直到1701年之后才到达苏里南，当时一场疟疾迫使西比拉·梅里安缩短了访问时间，返回阿姆斯特丹。接下来，她和女儿花了4年时间准备《苏里南昆虫变态图谱》一书。由于这些植物对她来说都是新的，许多植物也是科学上新发现的，所以她请阿姆斯特丹植物园的管理员卡斯帕·科默兰帮助她进行植物学描述。1705年之前，关于新大陆的图文并茂的记述还寥寥无几：她的书中令人眼花缭乱的蝴蝶、蜥蜴和蛇，可怕的蜘蛛，以及覆盖在郁郁葱葱的热带雨林树叶上的超大毛毛虫在社会上引起了轰动。它不仅展示了热带雨林令人难以置信的物种多样性，而且比达尔文早150年展示了一幅大自然"弱肉强食"的图景，在那里，物种们正在进行一场残酷的生存之战。

这本书没有让西比拉·梅里安赚多少钱，她靠贩卖在苏里南采集的标本为生。她曾希望在这本书的基础上再出一本关于爬行动物的书，但事实证明，这本书的制作成本太高了。她于1717年去世，被埋葬在一个贫民窟的坟墓里。虽然受到18世纪博物学家的高度尊敬，但在接下来的一个世纪里，她还是渐渐被人遗忘了：其死后的作品版本经常被掺假，而她对自然界残酷现实（特别是一只令人厌恶的狼蛛捕食蜂鸟的场景）的直白描述被斥为粗俗且荒谬。然而，最近的学术研究恢复了她的声誉，不仅是因为其描述的准确性，还因为她比洪堡早100年开创了一种革命性的新方法——将植物视为支撑复杂生态系统的关键物种。

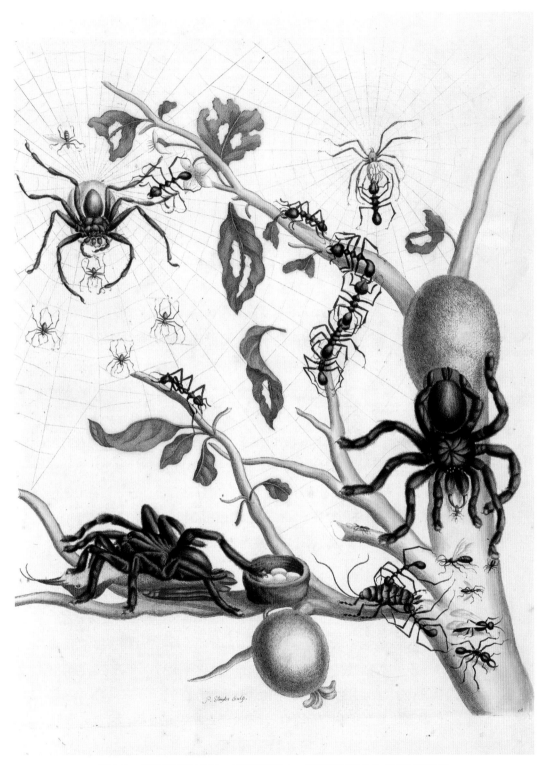

西比拉·梅里安描绘了在一棵番石榴树上一只狼蛛以蜂鸟为食的生态系统，
这在欧洲男性评论者中引起了轩然大波。 Maria Sibylla Merian images,
Trustees of the Natural History Museum, London

金鸡纳树

——改变历史的抗疟良药

学名：金鸡纳属（Cinchona）

植物学家：理查德·斯普鲁斯

地点：厄瓜多尔

年代：1860 年

金鸡纳树得名于秘鲁总督美丽的西班牙妻子孔德萨·德·钦琼（Condesa de Chinchón）。据说在 1638 年，总督夫人因患疟疾而奄奄一息，直到一种当地的克丘亚族药剂奇迹般地治愈了她，这种药剂是将磨碎的金鸡纳树皮搅拌到加糖的水中制成的。17 世纪 40 年代回到西班牙后，她把这种树皮介绍给她的同胞，作为一种治疗发烧的药物。[具有讽刺意味的是，疟疾在西班牙征服南美洲之前在安第斯山脉并不为人所知，直到 19 世纪末才在欧洲和亚洲流行；卡洛·莱维（Carlo Levi）直到 20 世纪 40 年代还在写意大利南部的贫困城镇被疟疾摧毁的故事。] 唉，这个故事简直是天方夜谭：总督夫人实际上死在了秘鲁。而早在 1633 年，西班牙传教士就在利马注意到了金鸡纳树皮的疗效。1645 年，当巴托洛梅·塔富尔神父（Father Bartolomé Tafur）将一些金鸡纳树皮带回疟疾肆虐的罗马时，"耶稣会树皮"的名声很快就传开了。

并不是每个人都相信它的功效：奥利弗·克伦威尔认为它是一种邪恶的天主教药剂，宁愿死于疟疾。然而，查理二世成功地被英国药剂师罗伯特·塔尔博（Robert Talbor）发明的一种以金鸡纳树皮为基础的药物治好了疟疾，他还向路易十四推荐了这种药物：这种药物很快就变得非常流行，可能是因为其中掺入了大量的鸦片。当时这种疾病的病原体被认为存在于"瘴气"["malaria"（疟疾）一词来源于意大利语 *mal aria*，意为"恶劣空气"]中；直到 19 世纪 90 年代，人们才了解清楚疟疾与蚊子之间的联系。1820 年，法国化学家发现了

正鸡纳树（*Cinchona officinalis*），引自 J. E. 霍华德（J. E. Howard）的《图解帕翁的新奎宁学研究》（*Illustrations of the Nueva Quinologia of Pavon*），1862 年

金鸡纳树的树皮是奎宁的来源，奎宁这个名字来源于"*quina-quina*"，这是金鸡纳树的当地俗名。引自 J. E. 霍华德的《图解帕翁的新奎宁学研究》，1862 年。Wellcome Collection, Creative Commons CCBY

金鸡纳树皮中的活性成分——一种名为"奎宁"的生物碱。目前还不完全了解它是如何起作用的，但本质上是通过使疟原虫毒死自己来实现的。一旦奎宁可以被提取出来，并以准确的剂量使用，它不仅可以用作治疗，还可以作为预防药物。

已知的金鸡纳属植物有 25 种 [最近发现的一种是安德森金鸡纳（*Cinchona anderssonii*），直到 2013 年才在玻利维亚被发现]，生长在安第斯山脉东侧潮湿的山地森林中，从哥伦比亚一直到智利都有分布。树叶光滑，四季常青，粉红色的芬芳花朵常松散地簇拥在一起。这些树的高度很少超过 12 米，但在不同物种之间，甚至是同一物种所含奎宁的量都有很大的差异。随着这些欧洲帝国将其统治范围扩大到热带地区，它们对奎宁的需求也在不断增长——由于南美洲的政治不稳定，加上不可持续的收获方法，奎宁供应变得更加昂贵和不确定。于是，确保他们自己的金鸡纳供应——特别是那些富含奎宁的植物种类的供应，就成了一项紧迫的帝国工程。

1745 年，一支前往秘鲁的法国探险队曾试图带回活的植物，但它们在一场风暴中被冲到了海里。英国植物学家（不仅是约瑟夫·班克斯）渴望在印度种植金鸡纳树，到 18 世纪与 19 世纪之交，印度每年有 100 万人死于疟疾。但哥伦比亚、厄瓜多尔、秘鲁和玻利维亚等国清楚地意识到垄断这种植物的价值，因此都禁止出口金鸡纳植物和种子。1851 年，一位荷兰植物学家设法从秘鲁走私了 500 株活的金鸡纳树，但只有 75 株安全抵达荷属东印度群岛。

到了 1858 年，接替英国东印度公司管理英属印度的印度办事处终于听从植物学家的呼吁，任命了一名初级办事员克莱门茨·R. 马卡姆（Clements R. Markham）采集金鸡纳树——理由是他会说西班牙语，而且去过秘鲁。由于缺乏植物学知识，在离开之前，有人建议他去邱园咨询威廉·杰克逊·胡克。胡克建议他雇用理查德·斯普鲁斯作为助手，这位贫穷但经验丰富的植物学家，虽然几乎不断地遭受病痛和厄运的侵扰，但从 1849 年开始一直都能够成功地从南美寄送标本。斯普鲁斯是一位多产的采集家，他细致且准确的笔记在邱园备受推崇，他在旅行中研究植物的用途，多年来一直在敦促采集金鸡纳树。他调查了安第斯地区和亚马孙地区种植的各种植物——从纤维、染料、树脂、木材到瓜拉那的刺激性物质。他是第一个报道具有精神活性的亚马孙死藤水的人，并提供了有关产乳胶的巴西橡胶树（*Hevea brasiliensis*）的详细植物学信息，这种树在金鸡纳树之后不久也到达了英国殖民地。

1860 年，马卡姆抵达秘鲁，在被发现并不得不逃离之前，他设法弄到了450 株金鸡纳树。这些植物被运到印度南部的尼尔吉里丘陵，在那里所有的植物都死了。与此同时，斯普鲁斯正耐心地翻越安第斯山脉，前往厄瓜多尔的钦博拉索山。在这座大火山下的森林里，人们发现了最珍贵的"红色树皮"类型的金鸡纳树。

这是一次恐怖的旅程——乘坐敞开的独木舟穿过急流、漩涡和瀑布，越过高山，穿过布满毒蛇和毛毛虫的茂密森林。各种挫折一直伴随着他，从暴雨和河水暴涨到革命战争（他的采集队中除一人外，其他人都被当地民兵征召入伍），再到反常的寒潮阻碍了种子的成熟。他与当地的一位地主达成了一项协议：他可以花 400 美元随心所欲地带走种子和幼苗，只要他不碰（可提取奎宁的）树皮。他在日记中哀叹道："我开始担心我们得不到成熟的种子，尤其是有一天早上，当我在树丛中转圈时，我发现其中两棵树的每一个花序都被剥光了，毫无疑问是有人打算把种子卖给我。这太让人生气了，种子还远未成熟。"然而，为剩下的树木提供保护费被证明是有效的："之后再没有一颗果实被破坏了。"更多的麻烦来自当地的士兵："6 个星期以来，我们一直处于警戒状态，因为有军队经过，我们需要足够警觉才能防止我们的马和财物被偷走；事实上，我的一匹马被顺走了，但后来我找回了它。"他主要靠荒废农场上的大蕉来充饥，直到后来大蕉也都被偷了。大多数时候，他几乎不能走路：他患了一种会使他衰弱的疾病，这种疾病会引发其痛苦，致其间歇性瘫痪。

尽管如此，马卡姆的任务最终被证明是成功的。罗伯特·克罗斯（Robert Cross）是一位来自邱园的园丁，他在 1859 年成功培育了斯普鲁斯寄回来的种子，最终与斯普鲁斯在厄瓜多尔会合，并在丛林深处建立了一个植物扦插苗圃。像往常一样，事情进展得并不顺利。军方征用马骡后任其死在丛林中，腐尸的气味让他们夜不能寐。后来，斯普鲁斯在给朋友约翰·蒂斯代尔（John Teas-dale）的信中写道："10 月份我们经历了几次地震，其中有一天不下 4 次。所以你可以看到，随着地面上的动乱和地面下的地震，还有革命和火灾等，人们生活在接连不断的惊慌之中。"但到了 1860 年 12 月，他们准备带着一大批幼苗和10 万多颗种子离开。他们将一排原木用藤蔓捆绑在一起，做了一个木筏，顺流而下漂到海岸。木筏上藏着 647 株植物，装在沃德箱里，用白棉布做衬里——因为玻璃太脆弱，经不起旅行中的颠簸。他们是对的：木筏 3 次撞到悬垂的树上，严重受损，但每一个箱子都奇迹般地幸存了下来。当它们被装上船运给邱园的克罗斯的时候，"这些植物几乎没有留下任何它们遭受过粗暴对待的痕迹。唯一不利之处就是，因为最近温度升高，它们生长得太快了"。

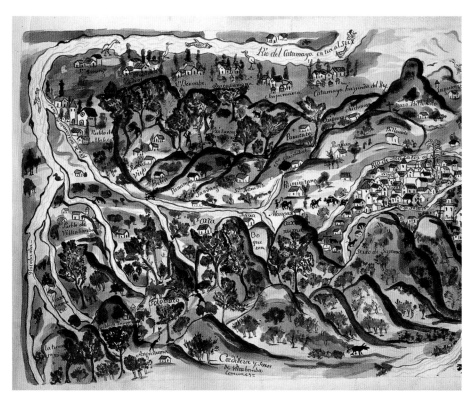

厄瓜多尔比尔卡班巴盛产金鸡纳地区的地图，图中标有建筑物、河流、人、
动物以及开花的草木。Wellcome Collection

理查德·斯普鲁斯去世后，艾尔弗雷德·拉塞尔·华莱士编辑了他的笔记。据他所言，斯普鲁斯的努力"取得了成功。这些金鸡纳幼苗完好无损地抵达印度，种子也成功发芽，成为在印度南部的尼尔吉里丘陵、锡兰、大吉岭以及其他地方的大片种植园的根基"。然而，华莱士也指出，这些种植园的产出并不好，并表明这些树木在马来半岛或婆罗洲会生长得更好，因为那里的降雨模式更接近它们的自然栖息地的条件。

金鸡纳树，引自 J. E. 霍华德的《图解帕翁的新奎宁学研究》，1862 年

最后，荷兰管辖下的爪哇岛（现属印度尼西亚）垄断了市场。另一位英国冒险家查尔斯·莱杰（Charles Ledger）于 19 世纪 30 年代抵达秘鲁，本想通过向澳大利亚出口羊驼发家致富。当那次冒险失败后，他开始尝试做金鸡纳树生意。莱杰有一件秘密武器——玻利维亚本地朋友兼助手曼努埃尔·英拉·马马尼（Manuel Incra Mamani），他能够识别出奎宁含量最高的树木，并为莱杰弄到了 20 千克最优质的金鸡纳种子。1865 年，莱杰兴冲冲地跟邱园方面接触。但他的时机不能再糟糕了：对印度办事处而言，这项工作已经完成了；邱园对种植金鸡纳树也不再感兴趣，那里现在还剩下一堆植物要处理，当然也不想要更多。最后，莱杰只能以 20 英镑的价格把 1 磅（453.6 克）重的种子卖给了荷兰人（另外还有一小部分卖给了印度的一家私人种植户）。这

个品种的金鸡纳树在爪哇岛的气候下茁壮成长（但在印度并非如此），并如承诺的那样，它有异常高的奎宁含量。在接下来的 100 年里，荷兰人垄断奎宁的全球贸易，而南美洲的奎宁贸易则陷入困境。

哥伦比亚在第二次世界大战期间经历了短暂的复兴，当时日本人控制了爪哇岛，美国则寻找到了奎宁的替代来源。但到了 1944 年，美国化学家已经开发出一种合成奎宁（实际上是由德国拜耳公司申请的专利），事实证明，这种奎宁对治疗疟疾非常有效，副作用更少。天然奎宁从灵丹妙药逐渐沦为一种令人愉悦的奎宁水调味品。（至于那个金酒配奎宁水是印度王公抗疟疾药酒的神话，唉，其实就只是一个神话。）然而，多年来，疟原虫对合成制剂的抗药性越来越强，因此金鸡纳树可能还没有完全过时。

莱杰和斯普鲁斯都在贫困中死去。斯普鲁斯在安第斯山脉和亚马孙地区又花了 3 年时间，不仅研究了那里的植物，还研究了他遇到的人及其习俗、传统和语言。最终，他日益糟糕的健康状况驱使他回到英国：他再也不能凭借卖植物标本给收藏家来勉强维持岌岌可危的生活。1862 年，他写信给一位满腹牢骚的客户，解释道："我从来没有想过四肢瘫痪的可能，然而这似乎将要成为定局，如果考虑到我过的那种生活……我见过很多人……他们在两三年内赚的钱比我 13 年赚的还多，而且没有暴露在电闪雷鸣和倾盆大雨中，泡在水已没膝的独木舟里，一天只能吃上一顿劣质且稀少的食物，晚上因为毒虫袭击而睡不着觉，更不用说像我这样时不时地直面死亡的威胁了。"

1864 年斯普鲁斯回到他的故乡约克郡后，余生大都在创作不朽巨作《秘鲁及厄瓜多尔的亚马孙雨林和安第斯山脉的苔纲植物》(The Hepaticae of the Amazon and the Andes of Peru and Ecuador)。这本书出版于 1885 年，至今仍是一部重要文献，书中描述了 700 多个物种，其中 500 种是他自己采集的，而有 400 多种是科学上新发现的物种。

斯普鲁斯并未得到与其学术成就相称的名誉。也许因为他是一个非常谦逊的人，如同他特别喜欢的苔藓类植物一样十分不起眼。在他去世时的小屋的门上，有一块 1970 年挂上去的简单石板牌匾。它是为了纪念一位"杰出的植物学家、无畏的探险家和谦逊的人"。

巴西栗

——启发自然研究新视角的硕大坚果

学名：巴西栗（*Bertholletia excelsa*）

植物学家：亚历山大·冯·洪堡，艾梅·邦普朗

地点：哥伦比亚

年代：1800 年

1800 年 3 月 30 日，一位年轻的普鲁士贵族爬上一只驶往奥里诺科河下游的独木舟，寻找一条当时科学上认为不可能存在的航道。传说亚马孙雨林深处有一条秘密河流，这条河流将巨大的河流水系与奔腾不息的奥里诺科河汇合在一起，亚历山大·冯·洪堡决心找到这条河。他划过急流和鳄鱼出没的水域，一路做着丰富的笔记，他的同伴法国植物学家艾梅·邦普朗镇定自若。他们深入丛林数周，直到他们的补给耗尽。他们凭借在河岸上发现的一把把干可可粉和巨大的坚果为生，敲碎坚果壳后就能获取里面有营养的种子。最终，他们发现并绘制了连接奥里诺科河和内格罗河的卡西基亚雷河。当他们到达终点时一共行进了 2 250 千米，一路避开了美洲虎、食人鱼和蟒蛇的攻击，从咬人的蚂蚁和嗜血的蚊子的嘴下幸存，还躲避了亚马孙地区的其他有毒动植物。他们二人沮丧地发现，事实上，他们并不是最早发现卡西基亚雷河的人。但至少他们发现的超大坚果在欧洲是未知的——巴西栗。

这次冒险之后，洪堡最初的计划是北上墨西哥。但在 1801 年年初，他得知 3 年前他曾希望加入的南太平洋探险队终于从法国出发了。如果运气好的话，它将在年底停靠秘鲁，在那里他可以拦截它，然后登船航行到澳大利亚——这给了他足够的时间将一年半以来采集的植物标本送回欧洲，他还计划在陆地上跋涉 4 023 千米穿越整个南美洲，从现在的哥伦比亚北部海岸翻越过高耸的安第斯山脉抵达秘鲁利马。在途中，他会试图攀登钦博拉索山，这是今厄瓜多尔

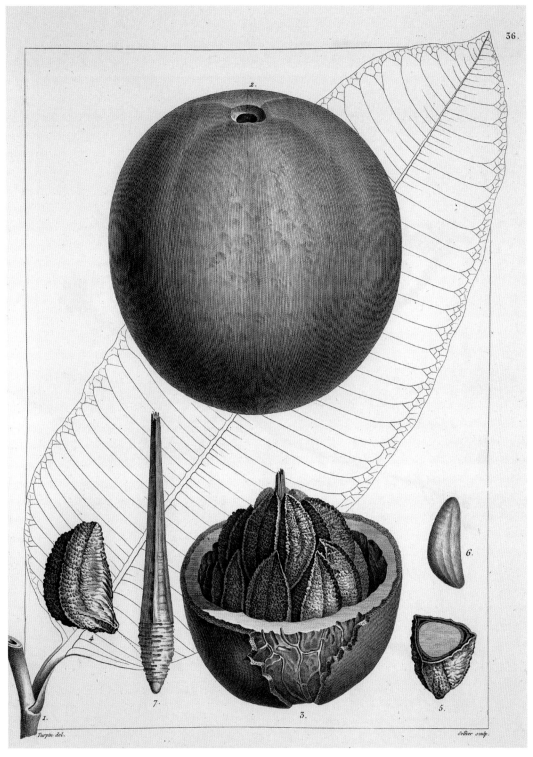

亚历山大·冯·洪堡绘制的巴西栗，引自《热带植物》（*Plantes Equinoxia-les*），1808 年

《安第斯山脉及其邻近地区的自然景观图》（*Tableau Physique des Andes et Pays Voisins*），引自亚历山大·冯·洪堡的法文版《植物地理学论文集》（*Essai sur la Géographie des Plantes*），1805 年

境内的一座火山，当时被认为是世界上最高的山。

然而，那艘法国船未在利马停靠，洪堡也未能到达南太平洋沿岸，但他确实攀登了钦博拉索山，正是在这里，他爬得比历史上任何人都要高，这位有远见的科学家对植物的全球分布产生了新理解，这一观念也将从那一天起指导其他的植物探险家们。更重要的是，它将改变我们对科学的理解。

攀登十分艰难。探险者们手脚冻裂，出现严重的高原反应，最终登上了创纪录的 6 327 米的高度——在距离山顶仅剩 305 米处，一条无法通行的深谷阻止了队伍登顶的脚步。他们被搬运工遗弃，拖着沉重的科学仪器穿过雪地，沿着陡峭山脊攀爬，一路测量——海拔、气温、气压，甚至天空的蓝色程度——并在攀登过程中观察动植物。在空气稀薄的地方，洪堡有了一种奇特的清晰感，他俯视着铺展在他脚下的世界，开始以不同的方式看待它。从他十几岁起，他就对科学上的所有学科都很感兴趣；到了 30 岁，他已经在植物学、生理学和矿物学领域发表了重要的作品。但在孤立地看待自然界的非凡表现时，他发现自己没有抓住要点。真正重要的是万物是如何联系在一起的。

他回忆道：这座山的攀登过程就像是一次从赤道到北极的旅行。他们在湿润的热带森林中开始了他们的旅程，那里长满了兰花和棕榈树。接下来，他们穿过了与欧洲相似的温带森林地区，随后森林开始让位于灌木丛，接着是与瑞士阿尔卑斯山脉相似的高山植物区系。当他们接近雪线时，洪堡看到的地衣让他想起了拉普兰地区和北极圈。然后，在 5 490 米之上，什么植物都没有了。当然，这些相似之处一定不会是偶然出现的。

几个世纪以来，植物学家们在植物研究方面一直关注于分类，观察植物的超近距离细节，找出它们之间的细微差别。像巴特拉姆这样具有园艺意识的植物采集者们稍微拓宽了视野——开始关注植物原产地的条件，使它们更容易被种植。直到后来洪堡发现，从全景视角出发可以了解更多的东西——植物是区域甚至全球模式的一部分，在这些模式中，海拔、土壤、气候因素甚至人类干预都起到了作用。（他是这些干预可能造成多大破坏的早期观察者，详细描述了委内瑞拉森林砍伐的灾难性影响。）这些模式不仅在植物中会十分明显，而且在自然界的各个方面都会变得明显。(例如，洪堡发明了等温线——天气图上的线条，用来显示世界各地气温相同的地方。)所有这些方面都是相互联系的：在一个预见到 20 世纪盖亚假说的愿景中，洪堡敦促我们把世界想象成一个活的有机体，一张没有任何事物孤立存在的"生命之网"。

公平地说，洪堡并不是第一个观察到气候条件相似的植物表现出相似特征的人。他花了很长时间与他的植物学家朋友卡尔·路德维希·韦尔登诺(Carl Ludwig Willdenow，就是他重新给大丽花起了一个容易混淆的名字)讨论了气候带的概念。韦尔登诺已经注意到极地地区的植物生长在较低纬度的山顶上，他推测植物多样性从极地到赤道是逐渐增加的，并提出植被区似乎是根据纬度而不是经度来分布的。洪堡所做的就是在这些想法的基础上，用全面的数据来支持它们，并找到一种行之有效的方法来表达他所学到的东西。

这在很大程度上是通过对钦博拉索山的描绘实现的，他几乎是一下山就开始绘制这幅画，并于 1807 年将其作为英译本《植物地理学论文集》(*Essay on The Geography of Plants*)的核心内容发表。一幅大的描绘了火山横截面的折叠图，显示了植物物种是如何根据海拔分布的。两边都有提供相关信息的专栏，从气温、湿度、光照强度、地质到农学等——同样，一切都与海拔有关。参考其他山脉的数据可以帮助人们理解植物、海拔和气候之间的这种关系模式是如何在全球范围内重复的。洪堡的"自然之画"，虽然在细节上极其繁复，但其轮廓却一目了然：为了让非学术界的受众能够理解他对自然的统一看法，他或多或少地发明了信息图表。

抵达利马后，洪堡和邦普朗继续前往墨西哥、古巴，并短暂地访问了美国，在 1804 年返回欧洲之前，他们受到了托马斯·杰弗逊总统的热烈欢迎。他们在美洲的 5 年时间里采集了 1.2 万份植物标本，并创造了今天仍在影响我们对于植物的新的思考方式——如植物群落、生态多样性以及环境、植物和动物之间的相互关系，即我们现在所知的生态系统。

洪堡在巴黎度过了接下来的 20 年，巴黎是当时的世界科学之都，为了发表他的探索结果，他耗尽了他继承的财富(这笔财富也为他的旅行提供了资金)。

巴西栗

他出版了 16 卷关于植物学的书（包括对大约 8 000 种植物的描述，其中一半是新发现的），2 卷关于动物学，4 卷关于天文和地球物理观察的书，3 卷关于美洲的探索，4 卷关于新西班牙的政治经济，还有 1 卷从未完成的游记。他写了 5 万多封信（还收到了更多的信），被视为欧洲科学界的关键人物，名气仅次于拿破仑。1827 年，他回到柏林，在接下来的 30 年里，他一直致力于撰写他的杰作《宇宙》（Cosmos），试图在这本书里将他对科学和文化的所有了解汇聚到一个统一的整体宇宙观中。当他在 90 岁高龄去世时，他还在做这件事。对于一个坚称科学知识永远是一项正在进行的工作，永远不会完成的人来说，这是一个再合适不过的结局。

邦普朗最终回到了南美洲，在那里他的职业生涯跌宕起伏，在巴拉圭被监禁了近 10 年，然后成为阿根廷的柑橘种植园园主。现在，这两个人在南美大陆比在欧洲更出名——值得注意的是，月球上有以他们的名字命名的地貌。

但是，在洪堡和邦普朗最需要的时候支撑着他们的美味坚果又是怎么回事呢？巴西栗就是洪堡开始在钦博拉索山领悟到的自然界中复杂相互关系的一个极好的例子。探险家们在哥伦比亚的亚马孙河流域发现了这种坚果，但它也分布在圭亚那、委内瑞拉以及秘鲁和玻利维亚的东部地区，当然还有巴西。果实需要很长时间才能成熟——熟悉的具棱角的种子（我们称之为坚果）需要 14 个月的时间才能在坚硬的圆形木质外壳内发育成熟，就像椰子一样。这些树非常高（五六十米），是耸立在雨林树冠之上的露头树，种子壳很重，重达 2 千克。外壳很厚（通常是 1 厘米或更厚），成熟的果实落到地上也不会裂开：需要一只意志坚定、牙齿锋利的啮齿动物才能打开外壳，接触到种子。

刺豚鼠是一种兔子大小的害羞的啮齿动物，与豚鼠有亲缘关系，在巴西栗所依赖的复杂生态系统中扮演着关键角色。巴西栗的果实中可能有多达 25 粒种子，就像橙子一样分成很多瓣，刺豚鼠无法一次吃掉这么多种子。因此，在吃饱之后，它会将一些种子埋藏起来，以备日后食用。其中一些储藏处会被遗忘，如果光照水平允许，种子最终会发芽，长成树木。

人们曾多次尝试对巴西栗树进行商业化栽培，但均未成功。因为刺豚鼠并不是唯一在巴西栗植物生命周期中扮演至关重要角色的生物。巴西栗树的乳黄色花朵是由蜜蜂授粉的，不是随便哪种蜜蜂，而必须是雌性长舌蜂或者说兰花蜂，只有它们足够大且强壮，可以强行进入紧紧盘绕的、具冠的花朵。这些雌蜂只会与用一种特殊的令人无法抗拒的"香水"引诱它们的雄蜂交配，这种"香水"是从各种热带雨林兰花品种［主要是吊桶兰（Coryanthes vasquezii）］上采集来的芳香蜡组成的"鸡尾酒"。如果在附近找不到这些兰花，雌蜂就不会交配，巴西栗树的花朵得不到授粉，自然更不会结出坚果。

由于拥有如此复杂和高度特化的生态系统，事实证明，在雨林之外种植巴西栗树几乎是不可能的：其坚果只能从野生的、原始的成熟森林中收获。由于伐木及其他人类活动不仅威胁到树木本身，还威胁到至关重要的兰花，因此巴西栗的收成面临风险——随之而来的是，亚马孙地区成千上万户家庭的生计也受到影响。另一个对巴西栗的收成带来威胁的是过度采摘：当太多的果实被采摘时，就没有足够的幼树取代老树来保持种群的稳定。

在南美之旅中，洪堡从采集金鸡纳树皮以从中提取奎宁这项产业中发现了类似的问题。甚至可以说，洪堡给自然研究引入了格外不同的视角。从亚里士多德时代开始，人们就确信自然界是为造福人类而创造的。但洪堡开始相信，自然界是一个由相互连接的线条组成的巨大网络，他逐渐形成一种世界观——人类第一次不再被当成中心。人类再也不能在不考虑后果的情况下将自己的意志强加于这个星球。

AGUTI

刺豚鼠是亚马孙地区的一种牙齿锋利的啮齿动物，对巴西栗种子的传播至关重要。 Iconographic Archive/Alamy Stock Photo

叶子花

——乔装科学家创纪录的曲折环球行

学名：叶子花（*Bougainvillea spectabilis*）

植物学家：菲利贝尔·科梅尔贡

地点：巴西里约热内卢

年代：1767 年

对于许多人来说，叶子花（俗称三角梅）是典型的假日植物：虽然原产于南美洲的大片地区（巴西向西至秘鲁，向南至阿根廷南部），但它鲜艳的颜色（主要是洋红色、紫色、粉红色、猩红色和橙色）以及对高温、高盐和干旱的强大抵抗力，使其成为世界各地温暖气候下的热门观赏性植物选择。然而，在亚马孙地区，三角梅长期以来一直被视为草药，传统上用于治疗呼吸系统疾病。目前的研究表明，它具有抗菌、消炎和避孕特性，甚至可能有助于治疗胃溃疡和糖尿病。

这种色彩斑斓的藤本植物是以军人、学者和数学家路易-安托万·德·布干维尔的名字命名的，他于 1766 年被任命为法国代表团团长将马尔维纳斯群岛移交给西班牙。由于他自己（自费）在马尔维纳斯群岛建立了法国殖民地，所以对他来说，这是一项艰巨的任务。让他感到安慰的是，受路易十五的委托，他继续环球旅行，寻找任何可能对法国及其殖民地有利的东西。这是第一次由专业的科学团队陪同的发现之旅——同行人正是天文学家、制图师和杰出的植物学家菲利贝尔·科梅尔贡。

布干维尔出发登上"布迪厄斯号"（*Boudeuse*）时，科梅尔贡因为抵达时带着太多行李而被分配到任务随行的补给船"埃托伊尔号"（*Étoile*）上。奇怪的是，他来的时候没有配备应有的仆人，但在临行前最后一刻，他雇用了一个在码头上闲逛的名为让·巴雷（Jean Baret）的年轻人。

事实证明，巴雷是一位无价的助手，"他"已经是一位专业的植物学家，

《巴西藤状灌木三角梅的叶子、花朵及蜂鸟》，玛丽安娜·诺斯绘制，1873 年

D'APRES "THE GARDEN"

三角梅，引自 C. A. 勒迈尔（C. A. Lemaire）的《园艺插图》（*l'Illustration Horticole*），1895 年。Peter H. Raven Library/Missouri Botanical Garden

根据布干维尔对那次航行的描述，巴雷毫无怨言地背着科梅尔贡沉重的采集用具，穿过森林和丛林，登上冰冷的山脉，穿越麦哲伦海峡的雪地，"身怀巨大的勇气和力量，以至于博物学家……称其为'负重的野兽'"。巴雷也证明了自己是一位尽职的护工，因为科梅尔贡身体虚弱，饱受静脉曲张性溃疡的困扰，走起路来很痛苦。当老人病得不能上岸时，巴雷独自一人收拾行李。1767年6月，当船停靠在里约热内卢时，几乎可以确定就是巴雷带回了科梅尔贡以其长官的名字命名的三角梅。[1789年，另一位法国植物学家安托万·洛朗·德·朱西厄（Antoine Laurent de Jussieu）利用科梅尔贡的植物标本和考察笔记，正式命名了这种植物。]然而，巴雷并不受"埃托伊尔号"船员们的欢迎，他们评论说"他"为人处世的方式很冷漠，上厕所的习惯奇怪又神秘。

　　船员们经过52天疲惫的航行才渡过麦哲伦海峡，终于在1767年4月登陆塔希提岛。科梅尔贡和布干维尔欣喜若狂：他们把这个岛命名为新基西拉岛（New Cythera），他们滔滔不绝地描述岛上温文尔雅、待人热情的居民过着"远离其他凡人的恶习和分歧"的和平生活，这将被证明是"高贵的野蛮人"不被文明腐蚀的概念的核心——这股力量在19世纪法国思想中是如此强大。然而，对于巴雷来说，塔希提岛是灾难性的——根据布干维尔的说法，就是在这里，让·巴雷的真实身份被揭开了——她其实是科梅尔贡的长期管家、情妇和植物学合作者让娜·巴雷。由于所有法国海军舰艇都禁止女性进入，如果她想要陪伴她的主人，她别无选择，只能缠胸伪装成一个男人。科梅尔贡虚伪地声称自己没有参与这场骗局：这似乎不太可能，因为巴雷是他所立遗嘱的主要受益人。更糟糕的事情还在后面，根据船上外科医生的日记，在抵达巴布亚新几内亚后，巴雷在岸上被拦住，船员们强迫与她发生了关系。

　　1768年11月，探险队抵达印度洋的法国殖民地法兰西岛（今毛里求斯），他们航行到了距离澳大利亚不到160千米的地方，就被迫因大堡礁而改变航向（从而为库克和"奋进号"留下了畅通的海岸）。当船离开时，科梅尔贡和当时已怀有身孕的巴雷没有再加入他们的航程，据称她接到了留下来探索法兰西岛及其邻近岛屿和马达加斯加的命令。[这些命令可能是真实的，而不仅仅是为

三角梅，引自 J. 帕克斯顿的《植物学及有花植物登记杂志》（*Magazine of Botany and Register of Flowering Plants*），1845 年

叶子花

了躲避丑闻；总督皮埃尔·普瓦夫尔（Pierre Poivre）是一位著名的博物学家，这艘船的天文学家此时被重新调派到印度，观察即将到来的金星凌日。]

对于这两位植物学家来说，这种新的情况并不困难。科梅尔贡从以往未被探索的火山上采集矿物标本，注意到岛上各式各样的特有野生动物，声称马达加斯加是博物学家的"应许之地"，它的"自然模型"与其他任何地方相比都有令人兴奋的不同之处。然而，他的健康状况继续恶化，在忠诚的让娜的照料下，他于 1773 年年初去世，年仅 45 岁。

布干维尔于 1769 年 3 月 16 日抵达圣马洛，是第一个环游世界的法国人。他被当作民族英雄受到欢迎。这并没有使他在法国大革命期间免遭监禁。（毕竟，他是路易十六的科学顾问。）但他在法国大革命结束后被释放，并为自己能够幸存下来感到欣慰，退休后回到布里，打算安享晚年，种植玫瑰。然而，在 1799 年，他遇到了拿破仑，拿破仑非常钦佩他，并推动他重返公众生活，成为一名参议员，使他成为一名不折不扣的知名人士。

科梅尔贡去世一年后，让娜独自一人身无分文，嫁给了法国士兵让·迪贝尔纳（Jean Dubernat）。1775 年，这对夫妇带着科梅尔贡的所有文件和 6 000 件标本回到法国。在此过程中，让娜成为第一位环游世界的女性。她得以要求继承遗产，1785 年，她的"轻率行为"被原谅，并因与科梅尔贡的合作而获得 200 里弗[1]的政府养老金。她于 1807 年去世，享年 67 岁。

除了让娜从毛里求斯运回来的货物外，科梅尔贡在去世之前还把 34 箱植物、种子、鱼和画作运回了巴黎。今天，法国国家自然博物馆在他的名下收藏了 1 735 件标本，其中包括 5 份三角梅的标本。至少这些标本中的部分应该更恰当地归于让娜·巴雷的贡献。

---

1 里弗是古时的法国货币单位。——编者注

猴谜树

——不易攀爬的多刺南洋杉

学名：智利南洋杉（*Araucaria araucana*）
植物学家：阿奇博尔德·孟席斯
地点：智利
年代：1795 年

1795 年 3 月，英国皇家海军"发现号"（*Discovery*）在 4 年的环球航行接近尾声时，在智利的瓦尔帕莱索登陆。船长和船上的外科医生、博物学家阿奇博尔德·孟席斯立即受到了智利著名总督唐·安布罗西奥·奥希金斯·德·瓦莱纳尔（Don Ambrosio O'Higgins de Valle-nar）共同进餐的邀请。[总督的私生子贝尔纳多·奥希金斯（Bernardo O'Higgins）后来带领这个西班牙殖民地走向独立。] 宴会上，在丰盛的食物中有一道甜点，其中包括一些对孟席斯来说很陌生的奇特坚果。孟席斯很感兴趣，就把它们塞进口袋里，回到船上后开始播种。这一说法一直受到一些人的质疑，理由是这些坚果很像板栗，烤起来很好吃，但生的时候有点难以消化。但是，无论是孟席斯播种的坚果，还是他在返回船上的漫长旅程中采集的新鲜坚果，当他 6 个月后回到英国时，他已经有了 5 棵（可能是 6 棵）健康的雄伟的智利南洋杉树苗。

这些树苗能活着回到英国简直是个奇迹。孟席斯和船长乔治·温哥华之间的关系十分紧张。温哥华不满于孟席斯的"花园小屋"占据了甲板上的太多空间，无视他关于这些植物被老鼠咬坏，或是被索具上的焦油滴液烧死的抱怨，并一再拒绝孟席斯上岸进行植物考察的请求。当温哥华将原本受雇照看植物的仆人重新分配到航海相关工作岗位时，孟席斯的大部分发现在一场暴风雨中被毁，这引发了一场激烈的争吵，孟席斯被逮捕。在他回家的前一个月，他在写给约瑟夫·班克斯的信中哀叹道："我现在只能展示这些植物的枯枝败叶了，而它们在我们最后一次穿越赤道时，还活得枝繁叶茂。"尽管如此，最后还是有

《智利南洋杉和羊驼》，这幅由玛丽安娜·诺斯于 1885 年创作的油画展示了
南洋杉成熟、光秃秃的树干形态

271

2 棵智利南洋杉的幼苗种在了班克斯的花园里，另外 3 棵在邱园，其中一棵活到了 1892 年。

　　智利南洋杉是一种高大的常绿针叶树，原产于智利南部和阿根廷，主要生长在安第斯山脉低海拔山坡的温带雨林中。西班牙探险家弗朗西斯科·登达里纳（Francisco Dendariarena）大约在 1780 年发现了智利南洋杉，他是第一个发现它的欧洲人，当时他受西班牙政府的委托，寻找造船用的木材，事实证明，

玛莉·安妮·斯特宾（Mary Anne Stebbing）绘制的智利南洋杉雄球花，邱园收藏，1946 年

智利南洋杉非常适合用来造船。但把它作为观赏树的热潮始于 19 世纪 20 年代，当时伦敦园艺协会的植物采集家詹姆斯·麦克雷（James McCrae）从智利带回了一小批活体植物（大多数植物已经被海水侵蚀）连同各种被纸张、沙子和糖包裹起来的种子。1826 年，12 棵树苗被分发给早已热切盼望的订购者们，几年内，第一批该物种的苗圃就以高昂的价格向外界出售了"智利松"。毫无疑问，这样的价格也提高了声望：19 世纪 30 年代，威廉·莫尔斯沃思爵士（Sir William Molesworth）花了 20 基尼在彭卡罗种下了一棵智利松。莫尔斯沃思的客人之一、大律师查尔斯·奥斯汀（Charles Austin）曾说过一句名言："爬长有这么多刺的树会让猴子感到困惑。"1843 年，第一条由智利南洋杉组成的林荫道在德文郡的比克顿建成，引起了轰动。这时苗圃商詹姆斯·维奇看到了这个市场机会，便把有史以来第一位商业植物采集家威廉·洛布送到南美洲寻找更多的种子，在那里，他像想象中的猴子一样，一时间对高度惊人且难以攀登的树木感到束手无策。最终他通过开枪击落球果解决了这个问题，并将 3 000 多颗种子送回了埃克塞特。

很快，智利南洋杉就成了 19 世纪与保时捷或普拉达手提包相提并论的奢侈物品。论及对它的娴熟应用，没有任何地方能与德比郡的埃尔瓦斯顿城堡相提并论。在这里，第四代哈林顿伯爵（Earl Harrington）因为娶了他的女演员情妇而被上流社会抛弃，他为他的新娘打造了一个以骑士之爱为主题的花园，这是"世界上最大的结婚礼物"。其他人都不能进入花园，花园里用小棵的智利南洋杉作为花圃边缘的点种植物（这种做法后来被广泛复制），而星形的苗床图案以一棵 8 米高的树为中心，"呈现奇特的悬垂造型"。此外，那里至少有 3 条林荫大道——包括智利南洋杉在内总共有 1 000 多株植物。那一定花了一大笔钱。但到了 1856 年，20 年前卖到 2～5 基尼的 4 年树龄的植株只能卖到 2 先令，即使是不起眼的郊区住宅的主人也能够负担得起一棵智利南洋杉的成本。它们的栽种量数以千计，但是很少有人意识到，在它们的自然栖息地，它们可以长到 50 米高，并且能够活 1 000 年。正如业余博物学家和古物学家赫伯特·马克斯韦尔爵士（Sir Herbert Maxwell）在 1915 年指出的那样，它们并不能很好地适应城市的生活环境：

> 没有哪一种树像智利南洋杉一样因在不适的环境中生存而遭受如此大的折磨……据我所知，在植物世界里，没有什么比郊区别墅前的一株智利南洋杉更令人沮丧的了，它整天被烟雾缭绕，绝望地挣扎着生存，唯一可见的生命迹象就是它可怜的变黑的树枝上一点点的绿色尖端。

如今，包括智利南洋杉在内的世界上超过三分之一的针叶树种，在野外面临灭绝的威胁。从由于其巨大的笔直树干、耐用性和抗真菌腐烂而被用作木材树，我们可以追溯到2亿年前的智利南洋杉种群在一个世纪多一点的时间里因过度砍伐而大量消亡。1976年，砍伐被列为非法行为（理论上），当时这棵树被宣布为智利的"自然宝藏"。然而，由于它生长在一个容易受火灾影响的栖息地——尤其是火山活动——它仍然处于危险之中。在过去的10年里，数千公顷的智利南洋杉森林被大火烧毁：如今只剩下20万公顷。

由马丁·加德纳（Martin Gardner）领导的国际针叶树保护计划于1991年在爱丁堡皇家植物园创建，目前是世界上最全面的濒危木本植物迁地保护网络之一。它已经成功地在英国和爱尔兰建立了200多个"安全地点"，例如在苏格兰本莫尔的智利化栖息地进行了大量的重建行动。这些地点一起为世界上超过一半的极度濒危的针叶树种提供了庇护所。与此同时，智利的保护工作者们创建了纳桑普利保护区（Nasampulli Reserve），这是与雨林关注协会（Rainforest Concern）和智利非政府组织"Fundación FORECOS"等合作伙伴共同努力的结果。这片面积达1 650公顷的智利南洋杉原始森林的私人保护区不仅是古树的家园，也是美洲狮、野猫、世界上最小的鹿和一种类似老鼠的有袋类动物的家园，这种有袋类动物被称为南猊或"山中的小猴子"——是像和它生活在一起的树一样古老的"活化石"物种。

智利南洋杉，引自 E. J. 雷文斯克罗夫特的《不列颠松树志》

亚马孙睡莲

——偶遇"莲中王"

学名：王莲（*Victoria amazonica*）

植物学家：罗伯特·尚伯克（Robert Schomburgk）

地点：圭亚那

年代：1837 年

探险家罗伯特·尚伯克显然不是作为一名植物猎人被雇用的，这是伦敦皇家地理学会（Royal Geographical Society）的明确指示，该学会于 1835 年派他去调查英国在南美洲新获得的殖民地（英属圭亚那，即今独立国家圭亚那）完全未知的内部地区。他因一条不可逾越的瀑布而缩减对埃塞奎博河的探险行程，于是学会在一封斥责信中向其表达了不满，同时提醒他绘制这些未知土地的地图的优先级必须远远高于植物学考察。但由于学会并没有给他足够的资金来完成这项任务，并要求他自费完成这项工作，因此维持收支平衡的唯一方法就是采集兰花出售给洛迪日苗圃。它们中有足够多的个体可以在沃德箱中幸存下来，以便用于为第二次探险筹集资金。但总体而言，尚伯克不得不承认，他在采集植物的过程中一直遭遇各种挫折。当他的两艘独木舟中的一艘在激流中倾覆时，他采集的第一批植物，连同他的大部分地理笔记和设备都丢失了。在他的第二次航行中，他的独木舟被偷了。就像在他之前的艾梅·邦普朗一样，他费力地将植物晾干以制作标本：即使它们没有被昆虫吃掉，它们也会在没完没了的雨水中发霉。因此，当他在 1837 年元旦那天艰难地沿着第三个河流水系航行时，他仍然像往常一样饱受蚊子的折磨，物资匮乏，船员生病，他对未来一年所抱的希望几乎不能再低了。他穿过无数障碍物逆流而上，看着水面慢慢变宽，直到看见静寂的盆地，在那一瞬间，这位沮丧的探险者突然不敢相信自己的眼睛……

根据伊丽莎白时代的探险家沃尔特·雷利爵士（Sir Walter Raleigh）的说

沃尔特·胡德·菲奇创作的王莲开花的版画，引自 W. J. 胡克的《王莲》
(*Victoria Regia*)，1851 年

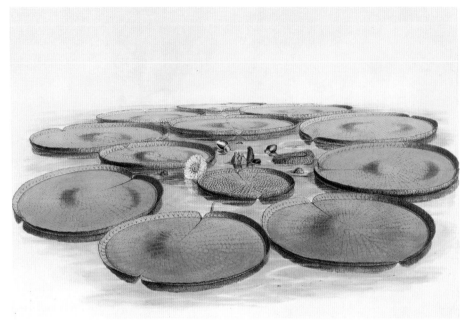

沃尔特·胡德·菲奇绘制的王莲，引自胡克的《王莲》

法，圭亚那曾经是或可能曾是"黄金国"（El Dorado）的所在地，那是曾被欧
洲人徒劳地寻找过很久的一座神话中的城市。现在，尚伯克发现了"金子"——
植物学上的金子。巨大的"托盘状"叶片漂浮在浑浊的河水上，直径可达 1.5
米至 1.8 米，"叶片上面有一条宽阔的浅绿色边缘，背面是鲜艳的深红色"。然
后，"与奇妙的叶子非常相配的是由数百片花瓣组成的华丽无比的大花，花瓣从
纯白色到玫瑰色再到粉红色交替变化"。尚伯克前行的道路再次受阻——但这
一次是受到这些令人头晕目眩的芬芳睡莲的影响，它们体形之大壮观得令人难
以置信：用维多利亚时代经常重复的话来说，这真的是一个"植物奇观"。

事实上，维多利亚的统治还要再过几个月（1837 年 6 月）才能开始。但尚
伯克立刻萌生了把这朵最绚丽的花朵献给年轻公主的想法，他第三次探险一回
来，就根据现场的笔记和素描画出了一幅巨大的油画，他谦逊地表示，这幅画
可以由伦敦皇家地理学会赠送给公主殿下。当他们回到英国时，维多利亚已经

亚马孙睡莲

沃尔特 · 胡德 · 菲奇绘制的王莲，引自 W. J. 胡克的《王莲》。王莲的一系列
插图主要根据锡永宫和邱园开花的植株标本绘制，1851 年

是女王了，而这幅画和这种献身精神成为一份最合适不过的加冕礼物。

事实证明，采集如此巨大的植物标本是一件棘手的事情，特别是在地理发现必须放在首位的情况下。著名植物学家约翰·林德利也是伦敦皇家地理学会的成员，他很高兴地检查了尚伯克从圭亚那寄回来的有些腐烂的炮制的植物残体。参考了尚伯克非常详细的描述，他宣布这种植物并不像它的发现者所认为的那样是睡莲属（*Nymphaea*）的某个物种，而是一个全新的属：出于澎湃的爱国之情，林德利自豪地将它命名为 "*Victoria regia*"。其间出了一个小插曲：尚伯克把他的画作和描述的复印件寄给了新成立的植物学会，后者在发表时将其错误地改成了 "*Victoria regina*"（拉丁语语法中的一个错误让较真的学者十分愤怒）。关于该植物的正确名称的争论在此后持续了几十年。

这并没有妨碍这位"水生植物女王"抓住公众的想象力，它很快就成为各小报争相报道的头条新闻。事实证明，世界上最大的睡莲原本生长在英国的领

279

土范围之外，而尚伯克也并不是第一个发现它的人，但这一事实丝毫没有减弱国民的热情。因为先前的目击事件都是由"约翰尼之类的外国人"报道的（出生于德国的尚伯克被算作荣誉英国人），也没有得到恰当的记录——或是被错误地识别为睡莲的另一个属。如今，这种植物被重新命名为王莲，其命名权正式归于德国植物学家爱德华·弗里德里希·玻皮希（Eduard Friedrich Pöppig），他于 1832 年在亚马孙流域发现了这种植物，但尚伯克在当时获得了荣誉。

下一个挑战是把成熟的种子带回英国。（试图带回一株活的植物是绝无可能的——叶片的下面布满了骇人的尖刺，而且每一个叶片都有一个人那么重。）这花了数年时间，也经历了许多痛苦的失望才得以实现。英国杰出的园艺家们为了让第一朵王莲开花而展开了竞争。在邱园，威廉·艾顿·胡克（William Aiton Hooker）被新任命要重振这个曾经伟大的植物园，他在种子萌发方面抢先一步，却眼睁睁地看着他的珍贵植物因缺乏光照而死。（王莲也不喜欢从泰晤士河引入水池的污水。）在泰晤士河对岸的锡永宫，诺森伯兰公爵（Duke Of Northumberland）有能力过滤河水，所以他的王莲活得更好。但最终是德文郡公爵的全能园丁约瑟夫·帕克斯顿于 1849 年 11 月 8 日在查茨沃思庄园诱使这个"顽固的巨人"开花。帕克斯顿为它建造了一个特殊的"火炉"，或称作加温的温室，里面的水池模拟了伯比斯河的缓慢水流。根据帕克斯顿的说法，这座建筑优雅、前所未有的透明设计，其拱形的玻璃似乎没有支撑，灵感来自睡莲本身。"大自然为叶片设计了纵横梁和支撑柱，我借用了这一灵感设计了这座建筑。"帕克斯顿写道。仅仅几周后，这种创新的建筑为帕克斯顿的水晶宫提供了模板——重复并延伸了超过 7 公顷，成为世界上有史以来最大的温室。这里后来成为 1851 年万国工业博览会的主会场。查尔斯·狄更斯惊叹地说："欧洲最大的建筑的第一个母体就是世界上最大的花卉结构。"

王莲的花朵可以长得很大（直径可达 30 厘米），但每一朵都令人惊讶地短命。在野外，它们是由夜间活动的甲虫授粉的。这种花在日落时开放，呈白色以吸引昆虫，散发出一种强烈的甜味，类似于菠萝和奶油糖果的气味。为了进一步吸引它们，这些花会产生热量。甲虫飞进这个温暖、散发着甜味的温室，

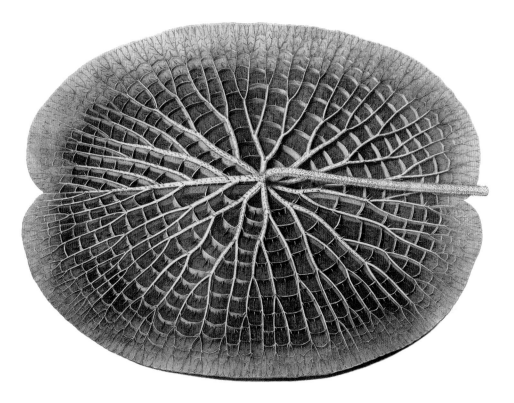

威廉·夏普（Wiliam Sharp）绘制的王莲，引自 J.F. 艾伦（J.F. Allen）的
《美洲王莲》（*Victoria Regia or the Great Waterlily of America*），1854 年

在那里它们心满意足地进食到深夜，而花朵则在它们周围闭合。第二天，它们
舒适地待在这里，将花粉从身体转移到柱头上，而花则逐渐从白色变成深粉色。
随着夜幕降临，不再有香味的花朵再次开放，从围绕出口路线排列成圆圈的雄
蕊中释放出花粉。甲虫此时被植物汁液黏住了，当它们逃逸时，花粉附着在它
们身上，被带到下一朵白色的花上。不到几个小时，玫瑰色的花就完成了它的
任务，沉到了河底。尚伯克后来结束了他在圣多明各种植花草的日子——他的
光荣时刻也如王莲花期般同样短暂。

蝎尾蕉

——被遗忘的女性植物画家

学名：蝎尾蕉属（*Heliconia*）

植物学家：玛丽亚·格雷厄姆

地点：巴西里约热内卢

年代：1825 年

那是 1822 年 11 月，一个安静温暖的夜晚，当时玛丽亚·格雷厄姆正坐在智利朋友家的阳台上，她去那里护理一位病危的年轻亲戚。突然有一道闪电，然后……

房子开始猛烈震动，发出像矿山爆炸一样的声音。我静静地坐着……直到震动还在不断加强，烟囱倒塌了，我看到房子的墙壁裂开了。我们跳到地面上，而刚一落脚地面就从快速的震动变成了上下翻滚，就像海上的轮船一样……

她迅速冲过去把生病的年轻人拉了出来，眼睁睁地看着新建的房子倒塌。但格雷厄姆心平气和地进行了详细的观察，包括海边出现的大片空地和瓦尔帕莱索湾中被挤出水面的岩石。她接着推测，这种猛烈的隆起可能与安第斯山脉的形成有关——这一说法为查尔斯·赖尔关于陆地形成的开创性理论提供了依据。（后来，她的说法受到质疑：有人声称作为一名女性，她在地震期间的恐慌下并不能做出准确的观察。）

对玛丽亚·格雷厄姆来说，这一年过得并不顺利。她是一位遍游海外的船长的妻子，30 多岁。1822 年 4 月，她带着丈夫的遗体抵达了瓦尔帕莱索——她的丈夫在绕过合恩角时不幸身亡。在他被体面地安葬后，她本应即刻赶回英国，但她却选择住在一间装饰着玫瑰花的小木屋，让一位雇农陪着她去山里进行植物考察，这使当地社群民众颇有微词。她把种子送到在爱丁堡皇家植物园

蝎尾蕉，里约热内卢植物志藏品，玛丽亚·考尔科特夫人（Lady Maria Call-cott）绘制，邱园，1825 年

红心凤梨（*Bromelia*），里约热内卢植物志藏品，玛丽亚·考尔科特夫人绘制，邱园，1825 年

工作的兄弟罗伯特·格雷厄姆（Robert Graham）手中，并收集了球茎，后来又把这些球茎送给了伦敦哈默史密斯著名的葡萄园苗圃。她使用流利的西班牙语向当地妇女学习她采集到的植物的用途，也让自己参与到这个新独立国家的政治中来。她与智利海军指挥官科克伦勋爵（Lord Cochrane）的友谊引发了许多恶意的流言蜚语。也许正是这一点，或者仅仅是她被余震弄得焦头烂额时在帐篷里待了几周后想要一座四面有墙的房子的简单愿望，说服她是时候回到英国了。

她从里约热内卢出发，出乎她意料的是，走之前她得到了一份担任巴西公主——未来的葡萄牙女王玛丽亚二世——的家庭教师的工作。

格雷厄姆匆忙赶往英国处理她的出版事务。自1809年与托马斯·格雷厄姆（Thomas Graham）结婚后，她在印度的旅行经历被写成了两本非常成功的书，此后她一直以作家的身份谋生。书中不仅描述了"印度当地人和居住在当地的殖民者的举止和习惯"，还描述了那里丰富的植物。加尔各答国家植物园给她留下了特别深刻的印象，她在那里遇到了威廉·罗克斯伯勒，并十分钦佩他委托当地艺术家们为鸿篇巨制《印度植物志》绘制的精美插图。很可能是罗克斯伯勒激发了她毕生对植物的实际用途和经济潜力的兴趣，她认为这些比植物的分类更重要。

格雷厄姆于1824年9月回到里约热内卢，但她的任期很短暂：仅仅6周后，她就被皇帝解职了。但在她离开英国之前，她曾被介绍给格拉斯哥植物学教授威廉·杰克逊·胡克，后者后来成为她的定期通信者。她在给他的信中提到了"Jiquitibà"树［可能是巴西翅玉蕊（*Cariniana legalis*）］，因为它又高又直，所以可以被用来做船桅，还有生长在她树篱里的吉贝（俗称美洲木棉，*Bombax pentandrum*），以及"长得无比怪异的6种仙人掌"。在巴西剩下的时间里，她给他寄去了不少植物，包括"22种蕨类植物，它们生长在从我在拉伦吉拉斯（Larenjeiras）的小屋到科尔科瓦杜山（Corcovado）山顶1 700英尺（约518米）高的花岗岩上"。

像大多数中产阶级年轻女性一样，格雷厄姆也学过绘画，虽然她对自己的艺术能力没有很大的信心，但是她觉得也够用了，至少能正确呈现花朵和叶片的颜色，因为像许多身处南美洲炎热潮湿地区的采集者同行一样，她在准备干燥标本时也遇到了不小的困难。"我不习惯绘制花朵，"她写道，"但我可以画——也可以画任何特殊形状的种子，只要让我知道怎么画才能有用，我就会努力做到。"1824 年到 1825 年间，她画了大约 100 幅巴西植物的图画，记录了每一种植物被发现时的时间和地点，并经常以其栖息地景观为背景对其进行描绘，如前文所示的蝎尾蕉。

蝎尾蕉属是以赫利孔山（Mount Helicon）命名的，这里是希腊神话中 9 位主司艺术和科学的女神缪斯的所在地。以前它被认为是芭蕉科的一员，现在它是独立的蝎尾蕉科下唯一的属，它广泛分布在美洲的热带森林中。（在西太平洋的岛屿上也发现了一些物种。）长长的、低垂的、颜色鲜艳的"花"事实上并不是真正的花，而是蜡质的苞片（花基部的叶状结构），里面隐藏着体积很小的真正的花。苞片通常颜色鲜艳——有红色、橙色、黄色、紫色、粉色、绿色或上述颜色的任意组合。它们主要由蜂鸟授粉，有些物种也由蝙蝠授粉。

1825 年年底，格雷厄姆回到了英国，开始了她的文学生涯，她写了一些关于艺术和历史的文章，并为孩子们写了几本书，不知何故，书中总是偷偷地加入了植物学的元素。（她的最后一本书是对圣经中提到的植物的描述。）1827年，她嫁给了诺丁山风景画画家奥古斯都·沃尔·考尔科特（Augustus Wall Callcott），10 年后，沃尔·考尔科特被授予爵士头衔。这位年轻时精力充沛、求知若渴的女子，曾被称为"披着薄纱的玄学家"，后来却变成了令人尊敬的、病弱的考尔科特夫人。在患有多年的严重疾病后，她于 1842 年去世，人们只记得她是《小亚瑟的英格兰史》（*Little Arthur's History of England*）的作者，这部儿童历史书在一个世纪里一直很受欢迎，而她对科学所做出的贡献却被遗忘了。

翅荚决明（*Senna alata*），里约热内卢植物志藏品，玛丽亚·考尔科特夫人
绘制，邱园，1825 年

幽兰

——醉心"王者香"

学名：宽唇卡特兰（*Cattleya labiata*）

植物学家：威廉·斯温森（William Swainson）

地点：巴西

年代：1818 年

　　1818 年，英国植物猎人威廉·斯温森托运了一批稀有植物，准备从巴西的森林中运走。他发现了一些粗壮、坚韧的叶子，就把它们裹在他的宝贝上送回英国。在打开盒子时，收件人威廉·卡特利（William Cattley）对这种非传统的包装很感兴趣，便培育这种叶子使它生长，最终开出了巨大的、具褶边的、薰衣草色的花朵。这种植物以他的名字命名为宽唇卡特兰。随着这种不同寻常的植物的消息传开，英国乃至整个欧洲很快就陷入了狂热——对兰花的狂热如此强烈，以至于这种现象被称为"狂兰症"。

　　19 世纪的欧洲人绝不是最早珍视兰花的人。兰花是中国艺术和园艺中的"四君子"之一，孔子称"兰当为王者香"，象征着高雅的精神，后来也被日本幕府所珍视。在爪哇岛，兰花被视为女神留在地球上的斗篷。在 16 世纪的墨西哥，香草兰为阿兹特克人的巧克力饮料增添了风味，而土耳其人将兰花根磨碎，制成一种壮阳冰激凌。

　　当然，欧洲有很多自己的兰花：全球共有超过 2.8 万种兰花，分布在除南极洲以外的每一个大陆。热带兰花以前也曾出现过——早在 1698 年，就有一朵来自加勒比海库拉索岛的兰花在荷兰盛开，1725 年，植物狂伦敦商人彼得·柯林森种植的另一朵产自巴哈马群岛的兰花开花了。1760 年至 1813 年间，邱园获得了 46 种热带兰花，但没有一种能与宽唇卡特兰相提并论。问题是，斯温森消失得无影无踪（实际上，有证据表明他去了新西兰），没有人知道在哪里可以找到更多这样壮观的兰花。植物学家乔治·加德纳到处寻找，两次以为自

宽唇卡特兰，引自 R. 沃纳（R. Warner）的《兰花图谱》（*The Orchid Album*），1882 年

已找到了这种难找的植物——但两次都被证明是错误的。直到 71 年后，一位昆虫学家为一位法国收藏家收集昆虫，才完全偶然地重新发现了卡特兰。因为他知道他的雇主还有种植兰花的爱好，所以他还把在巴西伯南布哥发现了一些大的蝴蝶兰的标本一起送了回去。不久，巴黎的一家商业兰花经销商发现了这些植物，伯南布哥一下子就吸引了所有人的目光。

随着兰花的盛行，富有的收藏家们纷纷派出植物猎人前往法国、荷兰或大英帝国最偏远的丛林中搜寻这些令人陶醉的植物。其中最无可救药的是詹姆

宽唇卡特兰，沃尔特·胡德·菲奇绘制，引自《柯蒂斯植物学杂志》，1843 年

斯·贝特曼，他的父亲是斯塔福德郡富有的实业家，而他本人是一位知识渊博的植物学家和业余科学家，还在牛津大学上学时就痴迷于兰花。他对"新物种漂洋过海的缓慢速度"感到不耐烦，于是在 1833 年赞助了一支前往德梅拉拉（今圭亚那乔治敦）的兰花狩猎探险队。1834 年 11 月，他自豪地宣布，植物猎人托马斯·科利（Thomas Colley）带着大约 60 种活体植物安全归来。在这一次成功探险的鼓舞下，他与在危地马拉的英国商人乔治·尤尔·斯金纳（George Ure Skinner）达成了一项协议，斯金纳为他提供了许多令人着迷的新发现，贝特曼以此为基础开始编写《墨西哥和危地马拉兰科植物》（*The Orchidaceae of Mexico and Guatemala*，1837—1843 年）。这确实就是他的巨著——一部重达 17 千克的大部头书，共有 40 张原大小比例的兰花彩色图版，其中包括 11 种新发现的兰花。

贝特曼在书中表示，对兰花的研究不仅

会回报"更多持续不断的爱好者们",而且提供了"一种娱乐方式……它可能会因其绚丽而吸引享乐之人,因其稀有而吸引技艺超群的大师,因其新奇和非凡的特性而吸引科学家"。查尔斯·达尔文就是这样一位科学家,他也是一位兰花爱好者,在1859年出版了《物种起源》一书。这本改变世界的书阐述了他备受争议的自然选择说,也让虔诚的贝特曼深感沮丧。尽管如此,1862年贝特曼还是送给了他一批从马达加斯加采集的不同寻常的兰花,其中就包括美丽的长距彗星兰(*Angraecum sesquipedale*),它的蜜腺非常长,有一个将近30厘米长的距。达尔文观察到,只有喙异常长的昆虫才能给它授粉,并推测马达加斯加的某个地方一定有某种蛾子(兰花在夜间释放气味),它的喙可以延伸25厘米至28厘米。

至少从1839年起,达尔文就开始思考植物和昆虫之间的关系,他注意到花和昆虫是如何相互适应,直到它们的关系像锁和钥匙一样固定在一起的。双方都从这种共同适应中受益:昆虫享受着独一无二的花蜜来源,而植物通过"选择"一种非常特殊的授粉者,确保了它的花粉不会浪费在其他物种身上。正如达尔文在《论英国和外国兰花与昆虫授粉的种种手段及杂交的良好效果》(*On The Various Contrivances By Which British and Foreign Orchids are Fertilised By Insects And on the Good Effect of Intercrossing*,1862年)中所描述的那样,长距彗星兰提供了这方面的完美例证。这一特征在兰花中尤为明显,兰花不会随意传播花粉,而是依赖(通常是非常特定的)昆虫、鸟类或蝙蝠授粉,经常通过狡猾的模仿行为来引诱它们。(例如,某些蜂兰会散发出雌性蜜蜂的气味,诱骗雄性蜜蜂试图与它们交配,结果却令雄峰失望地离开,顺便带了一身花粉;三分之二的兰花会出现所谓的"假交配"现象。)

然而,达尔文预言的那只喙很长的蛾子始终不见踪迹,这在他的批评者中引起了很多嘲笑。事实上,他在有生之年从未发现过这种蛾子,但1903年一种巨大的天蛾在马达加斯加被发现。它的喙像软管卷盘一样卷起来,长达30厘米:它被命名为预言的长喙天蛾(*Xanthopan morgani praedicta*),"*praedicta*"就是"预言的那个"的意思。这可能为时过早,因为没有人真正目睹过这种飞蛾造访兰花;直到1992年——达尔文的假说提出130年后——它们之间的相互

长距彗星兰，由奥伯特·杜·珀蒂·图亚斯（Aubert du Petit Thouars）绘
制的原始插图，引自《柯蒂斯植物学杂志》，1859 年

作用才被观察到。美国生物学家菲尔·德·弗里斯（Phil de Vries）在 2004 年捕捉到了视频证据，这一扣人心弦的场景可在优兔（YouTube）视频网站上观看到。

"在我对兰花的研究中，兰花结构无穷无尽的多样性让我印象最为深刻……"达尔文写道，"都是为了达到同样的目的，也就是用一朵花的花粉使另一朵花受精。"兰花为进化提供了令人信服的证据——这是自然选择发展出的一系列确保物种永续的机制的生动案例。

贝特曼对此深恶痛绝，他和他的大多数同龄人一样，相信《圣经》中关于创世论的叙述，并坚称这种奇妙的变化反而证明了上帝的仁慈计划："蕨类和无花植物在神圣的创世过程中很早就出现了……而兰花的诞生则被推迟到了临近人类出现的时候，人类将被它们的美丽所抚慰。"当然，吸引贝特曼贵族读者的当然是"这一类群无穷无尽的多样性"，比如第六代德文郡公爵，他让首席园丁约瑟夫·帕克斯顿在查茨沃思庄园抓紧建造兰花温室。1836 年，他们派资深园丁约翰·吉布森前往印度和缅甸，从那里他带回了 100 多种兰花。到 1838 年，帕克斯顿在查茨沃思庄园已经栽培了 83 种兰花，但当两名查茨沃思庄园园丁在一次前往美国的任务中溺水身亡后，他们失去了进一步考察的动力。

兰花狩猎十分危险。法国探险家艾梅·邦普朗在 18 世纪初与亚历山大·冯·洪堡同行，在巴拉圭被监禁了 10 多年。其他人的结局也很糟糕：威廉·阿诺德（William Arnold）在奥里诺科河溺水身亡，戴维·鲍曼（David Bowman）在波哥大死于痢疾，德国采集家古斯塔夫·沃利斯（Gustav Wallis）和不知疲倦的乔治·尤尔·斯金纳都死于黄热病——斯金纳去世于他原定返回英国的前一天。阿尔伯特·米利肯（Albert Millican）于 1891 年因其作品《兰花猎人历险记》（*Travels and Adventures of an Orchid Hunter*）而成名，他在五次危险的安第斯山脉之旅中幸存下来，但在第六次旅行中却被刺死。其他人则被枪杀、焚烧或吃掉。

这些不幸的人中有许多受雇于商业苗圃。最先付诸实践的是维奇苗圃，他们最初把威廉·洛布送到美洲，然后在 1843 年把他的兄弟托马斯派到远东，专门去寻找兰花。但到了 19 世纪末，似乎每个热带植物热点地区都挤满了植物猎人，竞争变得异常残酷：他们相互用枪威胁对方，在对方的采集物上撒尿破坏。采集方法也是悲剧性的：为了采集到生长在树冠上的兰花，数以千计的树木被砍伐；植物猎人们会将整片森林剥光，而他们不能带走的东西会被毁掉。通过这种方式，他们维持了植物的稀有性，并提高了他们在拍卖会上的要价（到 1910 年，兰花爱好者会为一个新品种支付 1 000 基尼），但他们给生态环境带来的往往是一场浩劫。1878 年，《园丁纪事》（The Gardener's Chronicle）宣布即将从哥伦比亚运来 200 万株兰花，而最著名、最冷酷无情的兰花商人弗雷德里克·桑德（Frederick Sander）则声称从新几内亚岛进口了 100 多万株单一品种的兰花植株。桑德在不同的时期共雇用了大约 40 名植物猎人，其中包括来自布拉格的声名显赫的贝内迪克特·罗兹尔（Benedict Roezl），他的一只手没了，取而代之的是一个金属钩子；还有不幸的威廉·米霍利茨（Wilhelm Micholitz），他非常害怕自己的老板，甚至准备从人类头骨的眼窝里挖出他老板想要的兰花。

一旦兰花可以在温室里成功种植，它们就开始失去原有的光环。第一次世界大战结束了"狂兰症"的风气，但仍有一些痴迷的收藏家愿意冒着生命和陷入牢狱之灾的危险，来拥有或只是为了拍摄他们梦寐以求的兰花。兰花狩猎仍然很危险。1999 年，英国种植园园主汤姆·哈特·戴克和美国人保罗·温德尔无视所有关于不要穿越巴拿马和哥伦比亚之间的达里恩沼泽区（Darién Gap）的建议，被哥伦比亚革命武装力量游击队抓获，并被囚禁了长达 9 个月。他们被囚禁的每一天都被美妙的兰花包围着，内心充满挫败感。

世界各地的兰花现在都受到《濒危野生动植物种国际贸易公约》的保护，公约通过控制国际植物贸易，试图防止再出现狂兰症高峰期发生的那种掠夺行为。如今合法的兰花猎人来自邱园等主要科学机构，他们致力于识别和保护濒危种群。矛盾的是，禁止从野外采集兰花本身可能就是对它们生存的一种威胁。共享也是物种生存的一种保证：只有当植物在其他地方能被种植时，野生种群的恢复才有可能实现。

奇怪的是，虽然没有什么能阻止伐木者或油棕种植者砍伐热带雨林，但在他们动手之前"抢救"兰花却是违法的。

萨拉·安妮·德雷克（Sarah Anne Drake）绘制的鸟喙文心兰（*Oncidium ornithorhynchum*），引自 J. 贝特曼的《墨西哥和危地马拉兰科植物》

参考文献

Allen, Mea, *Plants That Changed our Gardens,* David & Charles, 1974

Banks, Sir Joseph, *The Endeavour Journal of Sir Joseph Banks, 1768–71,* Project Gutenberg of Australia, 2005

Bailey, Kate, *John Reeves. Pioneering Collector of Chinese Plants and Botanical Art,* ACC Art Books, 2019

Berridge, Vanessa, *The Princess's Garden, Royal Intrigue and the Untold Story of Kew,* Amberley, 2017

Campbell-Culver, Maggie, *The Origin of Plants,* Headline, 2001

Christopher, T., ed., *In the Land of the Blue Poppies, The Collected Gardening Writing of Frank Kingdon Ward,* Modern Library Gardening, 2002

Cox, Kenneth, ed., *Frank Kingdon Ward's Riddle of the Tsangpo Gorges,* Antique Collectors' Club, 2001

Crane, P., *Ginkgo: The Tree that Time Forgot,* Yale University Press, 2015

Desmond, Ray, *The History of the Royal Botanic Gardens, Kew,* Royal Botanic Gardens, Kew, 2007

Desmond, Ray, *Sir Joseph Dalton Hooker, Traveller and Plant Collector,* Antique Collectors' Club, 1999

Douglas, D. (1904). *Sketch of a Journey to the Northwestern Parts of the Continent of North America during the Years 1824-25-26-27. The Quarterly of the Oregon Historical Society, 5*(3), 230-271. Retrieved March 15, 2020, from www.jstor.org/stable/20609621

Edwards, Ambra, *The Story of Gardening,* National Trust, 2018

Elliott, Brent, *Flora. An Illustrated History of the Garden Flower,* Scriptum Editions, 2001

Fisher, John, *The Origins of Garden Plants,* Constable, 1982

Fortune, Robert, *Three Years Wandering in the Northern Provinces of China,* John Murray, 1847

Fry, Carolyn, *The Plant Hunters,* Andre Deutsch, 2009

Fry, Carolyn, *The World of Kew,* BBC Books, 2006

Gooding, Mabberley & Studholme, *Joseph Banks's Florilegium. Botanical Treasures from Cook's First Voyage,* Thames & Hudson, 2019

Harrison, Christina, *The Botanical Adventures of Joseph Banks,* Royal Botanic Gardens, Kew, 2020

Harrison, Christina & Gardiner, Lauren, *Bizarre Botany,* Royal Botanic Gardens, Kew, 2016

Harrison, Christina & Kirkham, Tony, *Remarkable Trees,* Thames & Hudson, 2019

Hobhouse, Penelope, *Plants in Garden History*, Pavilion, 1992

Hobhouse, Penelope & Edwards, Ambra, *The Story of Gardening,* Pavilion, 2019

Holway, Tatiana, *The Flower of Empire,* Oxford University Press, 2013

Hooker, J. D., *Rhododendrons of the Sikkim-Himalaya,* 1849, Royal Botanic Gardens, Kew facsimile, 2017

Horwood, Catherine, *Gardening Women. Their Stories from 1600 to the Present,* Virago, 2010

Hoyles, Martin, *Gardeners Delight. Gardening Books from 1560–1960,* Pluto Press, 1995

Hoyles, Martin, *Bread and Roses. Gardening Books from 1560–1960,* Pluto Press, 1995

参考文献

Johnson, Hugh, *Trees,* Mitchell Beazley, 2010 edition

Laird, Mark, *The Flowering of the Landscape Garden. English Pleasure Grounds 1720–1800,* University of Pennsylvania Press, 1999

Lancaster, Roy, *My Life in Plants,* Filbert Publishing, 2017

Lyte, Charles, *The Plant Hunters*, Orbis, 1983

Masson, Francis, *An Account of Three Journeys from the Cape Town into the Southern Parts of Africa; Undertaken for the Discovery of New Plants, towards the Improvement of the Royal Botanical Gardens at Kew*, Philosophical Transactions of the Royal Society of London , 1776, Vol. 66 (1776), pp. 268-317

Morgan, Joan & Richards, Alison, *A Paradise out of a Common Field,* Harper & Row, 1990

Mueggler, E., *The Paper Road: Archives and Experiences in the Botanical Exploration of West China and Tibet,* University of California Press, 2011

O'Brian, Patrick, *Joseph Banks, A Life,* Collins Harvill, 1987

Pavord, Anna, *The Naming of Names*, Bloomsbury, 2005

Pavord, Anna, *The Tulip*, Bloomsbury, 1999

Potter, Jennifer, *Seven Flowers*, Atlantic Books, 2013

Primrose, Sandy, *Modern Plant Hunters. Adventures in Pursuit of Extraordinary Plants,* Pimpernel, 2019

Rice, Tony, *Voyages of Discovery. Three Centuries of Natural History Exploration*, Scriptum, 2000

Rinaldi, Bianca Maria (ed.), *Ideas of Chinese Gardens, Western Accounts 1300–1860,* Penn, 2016

Robinson, William, *The English Flower Garden*, Bloomsbury, 1996

Rivière, Peter, ed., *The Guiana Travels of Robert Schomburgk 1835–1844: Volume I: Explorations on Behalf of the Royal Geographical Society 1835–1839*, Hakluyt Society, 2006

Roberts, James, *A Journal of His Majesty's Bark Endeavour Round the World, Lieut. James Cook, Commander, 27th May 1768, 27 May–14 May 1770, with annotations 1771,* Mitchell Library of New South Wales

Schama, Simon, *A History of Britain (3 vols)*, BBC, 2001

Spruce, Richard, ed. Wallace, Alfred Russel, *Notes of a botanist on the Amazon & Andes: being records of travel during the years 1849–1864,* Macmillan & Co, 1908

Sox, David, *Quaker Plant Hunters,* Sessions Book Trust, 2004

Taylor, Judith M., *The Global Migrations of Ornamental Plants,* Missouri Botanical Garden Press, 2009

Telstsher, Kate, *A Palace of Palms. Tropical dreams and the making of Kew,* Picador, 2020

von Humboldt, Alexander and Bonpland, Time, *Essay on the Geography of Plants,* 1807, ed. Stephen T. Jackson, translated by Sylivie Romanovski, University of Chicago Press, 2009

Walker, Kim & Nesbitt, Mark, *Just the Tonic. A Natural History of Tonic Water,* Royal Botanic Gardens, Kew, 2019

Watt, Alistair, *Robert Fortune. A Plant Hunter in the Orient*, Royal Botanic Gardens, Kew, 2017

Wilson, E. H., *A Naturalist in Western China with Vasculum, Camera, and Gun. Being Some Account of Eleven Years' Travel, Exploration, and Observation in the More Remote Parts of the Flowery Kingdom* (London: Methuen & Co., 1913), 2 vols.

Wulf, Andrea, *The Brother Gardeners. Botany, Empire and the Birth of an Obsession*, William Heinemann, 2008

Wulf, Andrea, *The Invention of Nature, The Adventures of Alexander von Humboldt,* John Murray, 2015

期刊文章

Arnold, David, 'Plant Capitalism and Company Science: The Indian Career of Nathaniel Wallich', *Modern Asian Studies*, Vol. 42, No. 5, Sept 2008

Bailey, Beatrice M. Bodart, 'Kaempfer Restored', *Monumenta Nipponica*, Vol. 43, Sophia University, 1998

Bastin John, 'Sir Stamford Raffles and the Study of Natural History in Penang, Singapore And Indonesia', *Journal of the Malaysian Branch of the Royal Asiatic Society*, Vol. 63, No. 2, 1990

Clarke C., Moran J. A., Chin L., 'Mutualism between Tree Shrews and Pitcher Plants: Perspectives and Avenues for Future Research', *Plant Signal Behaviour*, 2010

Aaron P. Davis, 'Lost and Found: *Coffea stenophylla* and *C. affinis*, the Forgotten Coffee Crop Species of West Africa', *Frontiers in Plant Science*, 19 May 2020

Aaron P. Davis, Helen Chadburn, Justin Moat, Robert O'Sullivan, Serene Hargreaves and Eimear Nic Lughadha, 'High Extinction Risk for Wild Coffee Species and Implications for Coffee Sector Sustainability', *Science Advances* Vol. 5, No. 1, 16 Jan 2019

Dewan, Rachel, 'Bronze Age Flower Power: The Minoan Use and Social Significance of Saffron and Crocus Flowers', University of Toronto, 2015

Fan, Fa-Ti., 'Victorian Naturalists in China: Science and Informal Empire.' *The British Journal for the History of Science*, Vol. 36, No. 1, 2003

Fraser, Joan N., 'Sherriff and Ludlow', *Primroses*, The American Primrose Society, Vol. 66, 2008, pp.5-10

Greenwood M. et al., 'A Unique Resource Mutualism between the Giant Bornean Pitcher Plant, *Nepenthes rajah*, and Members of a Small Mammal Community.' *PLOS ONE*, June 2011

Harvey, Yvette, 'Collecting with Lao Chao [Zhao Chengzhang]: Decolonising the Collecting Trips of George Forrest', *NatSCA blog*, July 2020

Hagglund, Betty, 'The Botanical Writings of Maria Graham', *Journal of Literature and Science*, 2:1, 2011

Lancaster, Roy, 'Mikinori Ogisu and his Plant Introductions', *The Plantsman*, June 2004, pp.79-82.

Mawrey, Gillian, 'From Spices to Roses', *Historic Gardens Review 40*, Winter 1919/20

Milius, Susan, 'The Science of Big, Weird Flowers', *Science News*, Vol. 156, No. 11, 1999

Nelson, E. Charles, 'Augustine Henry and the Exploration of the Chinese Flora', *Arnoldia*, Vol. 43, No. 1 (Winter, 1982-1983), pp. 21-38

Rehder, Alfred, 'Ernest Henry Wilson', *Journal of the Arnold Arboretum*, Vol. 11, No. 4 (October, 1930), pp. 181-192

Rudolph, Richard C., 'Thunberg in Japan and His Flora Japonica in Japanese', *Monumenta Nipponica*, Vol. 29, No. 2, January 1974, pp. 163-179,

Saltmarsh, Anna, 'Francis Masson: Collecting Plants for King and Country', Royal Botanic Gardens, Kew, 2003

Thomas, Adrian P., 'The Establishment of Calcutta Botanic Garden: Plant Transfer, Science and the East India Company, 1786-1806', Journal of the Royal Asiatic Society, Vol. 16, No. 2, July 2006

致谢

邱园致谢

邱园出版社感谢以下同事对本书文本给出的反馈意见：马丁·奇克、科林·克拉布（Colin Clubbe）、菲利普·克里布（Phillip Cribb）、阿龙·P. 戴维斯、戴维·戈德（David Goyder）、埃德·伊金（Ed Ikin）、托尼·柯卡姆、格威·刘易斯（Gwil Lewis）、卡洛斯·玛格达莱娜（Carlos Magdalena）、马克·内斯比特（Mark Nesbitt）、马丁·里克斯（Martyn Rix）、蒂姆·乌特里奇（Tim Utteridge）、理查德·威尔福德（Richard Wilford）。同时，也要感谢朱培（Pei Chu）和邱园图书馆、艺术与档案馆的全体员工，感谢他们孜孜不倦地进行图片研究，感谢保罗·利特尔（Paul Little）将邱园收藏的图片数字化。

作者致谢

我在撰写本书的过程中参考了大量的资料，在此无法全部罗列，主要包括通过 JSTOR 网站获取的学术论文和期刊；在此我想表达对许多尚未得到公认的学者的感激之情。我尤其要感谢一系列宝贵的在线资源的贡献平台，特别是邱园、爱丁堡皇家植物园、牛津植物园、密苏里植物园以及佛罗里达州和夏威夷州的国家热带植物园，伦敦和巴黎的自然博物馆、大英博物馆、格林尼治皇家博物馆和莱顿西博尔德住宅博物馆，以及包括英国广播公司、Dw.com、《卫报》、《每日电讯报》、《纽约时报》和《印度时报》在内的媒体机构，等等。感谢大英图书馆和皇家园艺学会提供了大量的素材，感谢各种博客和网站提供的大量资料——包括从各类保护组织到联合国，从园艺信托基金会不可或缺的博客到各种精彩的网站，如 plantspeopleplanet.org.au，以及从植物艺术和艺术家到科尔·夸特（Cor Kwant）关于银杏的网页，谢谢大家。我特别感谢生物多样性遗产图书馆、古登堡计划和类似的提供在线经典历史文献的项目——在所有图书馆都被迫关闭的新冠肺炎疫情时期，这是一条生命线。

我还要特别感谢伟大的罗伊·兰开斯特，不仅因为他在荻巢树德先生这一章节写作过程中为我所提供的帮助，更因为他一直以来的慷慨支持。还要特别感谢克里斯蒂娜·哈里森（Christina Harrison）和奈尔杰·马克斯泰德教授慷慨地分享了他们的研究成果。最后，我还要感谢多位邱园专家——尤其是马丁·里克斯——给予我的帮助和指导。

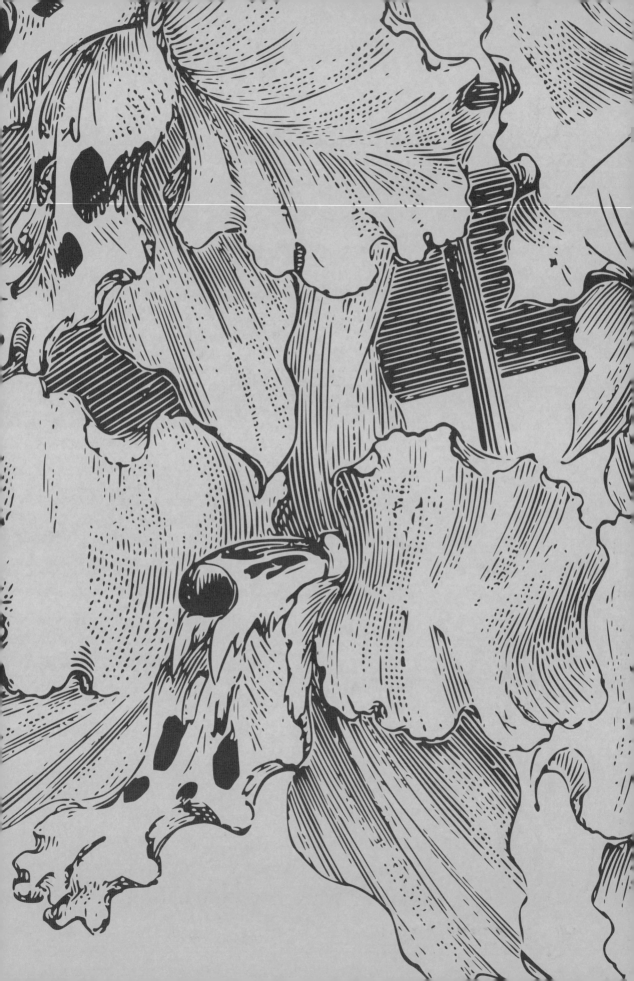